UNZHAOZHENGNENGLIANG

张薇薇◎著

寻找正能量

一本让你找回能量和信仰的书

风 靡 全 世 界 的 身 心 灵 运 动
众 多 成 功 人 士 的 热 议 话 题

中国纺织出版社

内 容 提 要

飞蛾趋光，夸父追日，所有的事物都在寻找光明、快乐、正面的能量。正能量是让人乐观、积极、向上，充满热情、希望与信念。点燃正能量，引爆小宇宙。点燃正能量，运气挡不住。本书教给我们如何驱散内心的黑暗和无序，学会感知自己的价值，积蓄正能量，和谐地生活。

图书在版编目（CIP）数据

寻找正能量／张薇薇著. --北京：中国纺织出版社，2013.1（2024.4重印）
ISBN 978-7-5064-9294-2

Ⅰ.①寻… Ⅱ.①张… Ⅲ.①成功心理—通俗读物 Ⅳ.①B848.4-49

中国版本图书馆CIP数据核字（2012）第248856号

责任编辑：徐丽丽　　特约编辑：侯娅南　　责任印制：储志伟

中国纺织出版社出版发行
地址：北京东直门南大街6号　邮政编码：100027
邮购电话：010—64168110　传真：010—64168231
http：//www.c-textilep.com
E-mail：faxing@c-textilep.com
北京兰星球彩色印刷有限公司印刷　各地新华书店经销
2013年1月第1版　2024年4月第3次印刷
开本：710×1000　1/16　印张：14
字数：147千字　定价：68.00元

序

有一次和我的好朋友聊天，她对我说："我老公每天回家都骂骂咧咧的，不是抱怨公司的领导，就是抱怨社会风气不正，从他那儿我就听不到一件高兴的事儿，他的负能量实在是太多了，我都快被他烦死了！"

瞧，我的朋友在向我"抱怨"她的老公总是爱"抱怨"，一不留神又将负能量传递给了我。

很多人一边喊着"我要幸福"，一边做着与之背道而驰的事。仇恨、嫉妒、气愤、失望、不满，这些消极情绪每天会在你的心里出现几次？抱怨、冷漠、指责、挑剔、哭泣，这些负面行为每天会在你的身上上演几次？你每天都被这些负能量包围着，幸福还有办法靠近吗？

我写这本书的动力，是源于爱。因为我所爱的许多人都陷入了负能量之中，我希望通过这本书向他们以及所有需要的人传递出一种正能量。能量很特别，它具有自我繁衍的能力和传播性，负能量能够衍生出更多的负能量，并可以将其传递给其他人，正能量也是如此。当负能量在你的生活中变得泛滥和猖獗，当你的生活被消极的事件、情绪和行为无休止地吞噬时，如果你想扭转这种局面，改变这种生活状态，希望能够被积极的事物所庇护，就需要给自己的心灵找到一个突破口，我希望这本书就是那个突破口。

正能量不是一句口号，喊一喊就会有的。想要获取正能量需要你切实地去做些什么，并且持之以恒。这本书中介绍了多种寻找、获取正能量的方法，你并非需要逐一照做，而是要选择适合你的、你喜欢的方法，让它帮助你改变生活的状态。

我们应该信仰正能量，因为它能够让你变得幸福，但绝不仅仅如此。它能够给你的生命赋予光辉，让你的生活变得真正有意义，你与别人的不同不应该只存在于衣着打扮上，你真正与众不同的地方应该是你的灵魂。正能量是一把打开精神世界的钥匙，拥有它之后，你将能够更加真实地认识自我，你的心灵将会变得强大而独立，自此，你不会再无止尽地质疑自己，也不会被他人的评价所牵制，你将有办法安排自己的生活，并自得其乐。不仅如此，拥有正能量后，你还能够以一种奇妙的方式接触到他人的灵魂，抵达他人的内心，而不只是停留在表面做无谓的沟通。

如果这个世界足够好，那么，请你去赞美它，享受它。如果这个世界不够好，那么，请你用你的正能量去安慰它，修补它。无论何时，负能量都不具有治愈能力，它不可能将这个世界变得更加美好，你的诅咒和指责只会让你和这个世界都变得更糟。

张薇薇

2012年9月

目录
CONTENTS

第三章　激活你的内在正能量　047

第四章　集结外在正能量　089

第五章　幸福离不开正能量　111

第六章　心理资本是正能量的高度浓缩　139

第七章　让正能量助长心灵　163

第八章　传递正能量　191

第一章

正能量哪儿去了

【本章导读】

- 这个世界急需正能量
- 寻找正能量的四个理由
- 你被负能量包围了吗
- 为什么负能量如此猖狂
- 负能量会将你推入恶性循环
- 正负能量的四个维度

这个世界急需正能量

有一些人，他们的生命是闪闪发光的。无论你是与他朝夕相处，还是只擦肩而过，你都能够感受到他们身上散发出来的正能量。他们的筋骨里充满力量，眼睛透彻明亮，嘴角总是上扬。他们对生活中的一切都充满宽容与希望，对所有美好的事物都过目不忘。和他们在一起，你似乎也轻盈了许多，哀愁不再那么浓重，快乐却在瞬间加倍。

还有一些人，就连身体里最犄角旮旯的地方都散发着阴霾。他们的额头因长期皱眉而留下不快乐的痕迹，他们的嘴角因长期怒骂而微微下垂，他们目中无光，眼睛里流露出来的净是些负面的信息。他们身上有一种阴冷的负能量，对事事都充满挑剔，对人人都感到不满，和他们在一起，用不了多久，就会让你内心压抑得想要逃离，那些快乐的事在瞬间变得毫无价值，好像只是用来讽刺自己的幼稚。

一个人是充满正能量还是负能量，即使你没有仔细地考究过这件事，还是能够轻松地识别出来。人们可以从不同的角度去理解和定义正能量，而我对它的定义，更多地是从心理层面出发的：正能量是一种促人向上的，使自己、他人和社会产生积极变化的动力和力量。它就像阳光一样，能够使我们感到温暖和快乐，让人们的心

灵不断发育和成长。有了它，我们的内心就会充满爱和希望，愿意敞开双臂去拥抱这个世界，也会觉得自己被世界和他人所接纳，我们和外界的关系是和谐的，顺畅的。而失去正能量，我们的生活将暗无天日。因为我们无法从生活中获得乐趣，我们抗拒自己，厌恶生命，对世界和他人的态度是生硬的、刻薄的、挑剔的，这将使本来美好且充满各种可能性的生活沦为一种受罪。

正能量，可能是生活中的一抹恬淡气息，也可能是一种高昂的生活态度；可能是指向外界的深度探索，也可能是指向内心的无限内省。它以最广泛的形式存在于世界的每个角落当中，以最透彻的方式弥散在我们心里，也以多种多样的方式影响着我们的生活。所以，我们能够通过多种途径和方式来获取正能量，而它能够带给我们的益处更是全方位的，不夸张地说，我们生活的每一个方面，内心的每一种活动，生命中的每一天，都会因此而受益。正能量终将使我们的心灵之花以最美丽动人的姿态绽放。

寻找正能量的四个理由

我们需要正能量。即使我们不去费尽心思地回答“人为什么活着”这样富有哲学意味的问题，至少我们都会想一想“我想过什么样的生活”。说到底，所有人的答案都是相近的，人们都希望过得舒适、快乐、有意义，在这之上，如果还能展现自我、实现自我就再好不过了。这些，也正是正能量能够为我们带来的。

首先，正能量能够改善我们的生活环境。这也是它最为表面化的功能。毋庸置疑，没有人喜欢具有负能量的人，他们阴暗、晦气、麻烦不断。无论是谁，都喜欢那些阳光、快乐、更具有朝气的人。也就是说，人都是趋光性的，而具有正能量的人，就是阳光。如果我们能够让自己充满正能量，那么就能够改善自己的人际关系，让自己变得更加受欢迎，拥有更多朋友和人脉资源，这会使我们的人生更加顺利。

其次，正能量能够让我们变得快乐。正能量不仅能够改变我们周遭的环境，更重要的是它能够改变我们自己。它让我们有动力走得更远，激发我们对生活的热忱、对未来的畅想和对事情的积极情感。拥有正能量，会增强我们活下去的驱动力，因为生活中有趣的事情变多了，快乐的时间变多了，生活就更有弹性，内容也更加丰富多彩。正能量让我们不再嫌时间散漫无聊，相反，因为真心的快

乐和对生活的赞美，我们总是沉浸在当下的幸福当中，感觉时光转瞬即逝。

另外，正能量能够提升我们生活的价值和意义。正能量不仅能够改变我们的生活表面，更能够赋予它深刻的含义。健康、快乐，是好的，但这只是“好”的低级标准，而实现自我价值、实现目标和理想，按照自己的最高意志去生活，才是“好”的高级标准。正能量能够帮助我们生活得更加快乐，但它能够实现的远不止这些，它还能够强大我们的内心，让我们的心中充满热血和希望，不断奔赴心中的梦想，不断超越自我，达到高峰体验。

很多人都知道马斯洛的需求层次理论，这一理论将人的需求分为五个层次，从低级到高级依次是生理的需求、安全的需求、爱和归属的需求、尊重的需求以及自我实现的需求。我们不仅需要正能量帮助我们实现低层次的需求，更需要借助它实现我们的高级需求：自尊并得到他人的尊重，最终实现自我，发挥自己最大的潜能，成为自己梦想中的那个人。

最后，正能量能够让我们做最真实的自己，让我们达到自我同一的境界。它使我们知道自己是谁，同时知道自己想成为、能够成为什么样的人，深刻理解自己的每一个角色，悦纳自我，欣赏自我，永不放弃自我。它使我们的多个自我合一，使内心达到前所未有的平和。自此，我们敢于直面自己心灵的最深处，敢于表达自我的真实想法，敢于按照自己的理想去生活。这才是生命的最高境界。

从简单的快乐生活，到努力实现自己的人生价值，我们都离不开正能量。可以这么说，没有正能量，我们将举步维艰。如果我们希望自己的一生是不断前进而不是止步不前的，是在不断追寻而不是极力回避的，是笑语欢歌而不是声泪俱下的，是写满华章而不是一无所获的，我们就需要正能量！

你被负能量包围了吗

我们周遭有很多充满负能量的人，希望你不是其中的一员。

深陷负能量之中的人，几乎看不到好事的发生。他们的眼睛似乎有一层过滤器，会自动过滤掉美好的事物。如果他们站在大街上，有一个人正在闯红灯，而与此同时，马路的另一端有一个孩子正扶着盲人过马路，他们永远看不到可爱的孩子，而只会看到闯红灯的人，并指责人类道德的沦丧。如果一对情侣站在路边，女孩儿哭着向男孩儿诉说着什么，他们会自动把故事演绎成男孩儿做了对不起女孩儿的事，而绝不会想到还有可能是女孩儿正在向男孩儿倾诉遇到的烦心事。如果有人在大街上多看了他们两眼，他们绝不会认为这可能是因为自己和对方的某个朋友长得很像，而会把这理解成一种无礼的挑衅。

深陷负能量之中的人，总是特别喜欢批评和指责别人。他们会对别人的优点和善意避而不谈，而专喜欢吹毛求疵。简单说，他们喜欢说别人的坏话。在公司里，他们到处煽风点火，散布小道消息，传播花边新闻。对领导和同事的不满，他们从不会当面给出意见和建议，而是选择在背地里不断议论，添油加醋地夸大事实，直至事件完全扭曲变形。回到家里，他们也不懂得给家人鼓励和安慰，而总是把在公司的坏情绪带回家来，让烦躁和恐怖

的气氛弥散家中，不仅如此，他们还总是挑剔家人的辛苦付出，嫌屋子打扫得不够干净，菜做得太咸，或者答应帮自己办的事情没有办。你很难从他们嘴里听到对别人的赞美之词，除了批评，就只剩下指责。

深陷负能量之中的人，还特别喜欢抱怨。爱抱怨的人，通常觉得自己没有得到公平公正的待遇，在他们看来，他们的工作能力是那么的强，却被小人得志，导致自己迟迟无法上位。他们对喜欢的人是那么的好，可对方就是不开眼，选择了明明不如自己的人。他们是那么努力用功地学习，可不知为什么，命运总是不眷顾自己，一再名落孙山。他们的才华是那么的出众，可自己却生错了年代，总是错过大好良机。似乎世界上所有倒霉的事情，都一齐发生在了他们身上。

深陷负能量的人，对一切都提不起兴趣。他们总是耷拉着脑袋，做着必须做完的工作，之后就在电脑或者电视机前发呆。无论你神采奕奕、眉飞色舞地讲述多么有趣的事情，也换不来他们的半点反应。无论你提议去做点什么有意义的事情，也换不回他们的欢呼和赞同。他们对世界上的一切事物都消极抵抗，生活对于他们而言就是凑合活着，除了维持生计所必须做的事情，他们的大脑便一片荒芜，毫无欲念，也毫无想法可言。

深陷负能量的人，要么对外界充满了挑剔和不满，要么充满了冷漠与刻板。他们的外在总是表现出一种进攻或逃避的态势，面目狰狞，或者面无表情。他们的内心很少得到平静，要么暴躁愤怒，要么绝望悲观。而他们的生活更是一团糟，即使表面上尚可维持，甚至粗看之下还算光鲜：有个不错的职位，还算齐全的家庭，但真深入看进去，就会发现，一切都是混乱不堪，碎片满地。因为即使他们再有钱，也买不来真正想要的生活，即使他们

再有地位，也满足不了自己深层次的需求，甚至，即使他们身边有无数关爱他们的人，也断绝不了他们对人生的失望。因为他们的心是凌乱的，里面充满着负面的能量，充满着毁灭或者结束一切的欲望。

为什么负能量如此猖狂

负能量很会趁虚而入，它总是攻击人们最脆弱的地方，然后再一点一点吞噬人们的意志，最终将人们拉向它的阵营。走在大街上，你总能看到一些眉头紧锁的人，他们步履匆匆，眼神中透露出对人生的不满和失望，他们便是负能量的战利品。由于负能量的来袭，娱乐场所提供的不再是单纯的欢乐，而是对愤怒和压力的宣泄，和对不如意的短暂遗忘。有些人与人之间的亲密，不再只单纯地来自鼓励和分享的快乐，还暗含着相互利用的心机。就连人们的微笑、祝贺和恭维，都变得越来越形式主义、越来越表面化，在这之下涌动的真实情感和意图，有时是不屑、是嫉妒，甚至是有意陷害。

负能量之所以得以横行，变得日益猖狂，是因为人们过剩的欲望。人们有太多想要实现的目标，而最为可悲的是，这些目标都是外化的，所以，它们只能被称为欲望，而不能被称为理想。所谓理想，是由内部动机驱动的，是以完善自我为主要目的的；而欲望，是由外部动机驱动的，是以满足虚荣心为主要目的的。有一所很大的房子，有一份体面的工作，有一个漂亮女孩做女朋友，有一个学习上进的孩子，这一切不过是为了让人称羡，满足自己的面子，为自己带来一种击败他人的短暂快感。说它短暂，

因为它总是转瞬即逝，一旦满足，就会出现更多想要战胜的人，就会想要更大的房子和更多的钞票。而理想，则与他人无关，只是对自己的交代。读一本好书，多一点对人生的感悟；攀一座高峰，挑战自己体能的极限，多一点对未来的希望；做好一项工作，体现自己的价值，体验完成一项使命带来的成就感。这些快乐，不需要别人的肯定，也不需要别人的失败作对比，这是实现对自己的承诺的过程。

除此以外，人们还容易把得不到的和已失去的看得过分重要，又太轻视所拥有的一切的价值。每一次的获得能够给人们带来的快乐越来越短暂，每一次的失败能够给人们带来的伤痛却越来越长久。人们紧盯着别人手里的东西不放，却忘了别人也在紧盯着自己手里的。在拥有健康的时候，健康变得理所应当无足轻重，直到失去它的时候，才能够真切了解到它的珍贵。在拥有对方的爱的时候，无论对方做什么，都显得还欠点儿火候不够到位，直到失去的时候，才能够体会到对方的用心和付出。人们抱怨世界不够公平，让别人得了便宜，自己却像个傻瓜，是个永远的输家。其实在很多时候，这只是因为人们习惯了拿自己没有的和别人所拥有的相比较，却从来不懂得拿自己拥有的和别人祈盼的相比较。

这种横向的比较，使得人们将所有的幸福与不幸都建立在了社会的相对位置上，特别是当人们目光不够深远的时候，就会将比较的对象局限于身边的那几个人。不管自己过得多么幸福，只要身边有过得比自己更好的人，自己就不值得庆幸。当衡量的标准不在自己的掌握之中、参照物不是以前的自己时，人们的内心就容易失去平衡。最后带来的结果便是，挖空心思地去了解别人以及他们的生活，对自己却一无所知。

缺乏对外界的感恩和对自我的反省，会使得人们用一种错误的

方式看待生活。人们无法从自己的失败中获取经验与新知，因为人们认为失败是因为社会风气不正，是因为老天总不给自己机会，是因为他人太不知好歹，而不是因为自己还不够努力，不是因为自己的认知还有所偏颇，不是因为自己过于心浮气躁。人们也很难真心认可他人的成功，更别提去学习与借鉴，因为人们认为他人的成功是来自于机缘巧合，来自于投机取巧，来自于不正当方式的上位，人们看不到，也不愿意承认别人的艰辛付出，别人能力的更胜一筹，别人幸福的背后其实也掩藏着很多不幸。

人们的贪得无厌、爱攀比以及习惯性地推卸责任，给了负能量无限的可乘之机。其实，负能量向人们发起攻击的时候，也正是人们最需要正能量的时候，这时，就要看你邀请谁进入你的身体和灵魂了。

负能量会将你推入恶性循环

其实，所有负能量的表现：厌世、抱怨、苛责，不过是一种懒惰和逃避罢了。这其中暗含着两个潜台词。

潜台词之一：我不需要对我的不幸负责。那些对时代感到失望的人，那些在公司里搬弄是非的人，那些不断咒骂前任恋人的人，其实想要表达的真正意思是："你们看，错的都是他们，是他们把我搞成今天这副模样，落得这个狼狈的下场，是他们阻碍了我的成功，拦截了我的幸福，错的不是我，他们应该对我的不幸负责。"这些人，终日生活在对他人的仇恨和嫉妒之中，逃避自己的责任，根本不想对自己的人生负责。

潜台词之二：想证明别人和自己一样惨。当一个人向你叙述他的不幸时，他希望你做出的第一反应并不是安慰，而是拍着他的肩膀说："老兄，其实我跟你混得一样惨，我的女朋友半年前跟高帅富跑了，而我前两天又被老板炒了鱿鱼，被炒的原因是我不愿意替老板背黑锅。咱俩真是同病相怜。"又或者得到这样的验证："我和你的感受完全一样，王总就不是什么善茬，他对咱们的要求实在过分了，根本没有人能完成他下达的任务，他分明是成心给咱们难堪！"人们生活在社会之中，当自己过得不幸的时候，只有两种办法可以让自己得到解脱，第一种是想办法解决问题，让自己变得幸

福起来，而不具有正能量的人通常不会选择这种方法；第二种方法就是找到比自己更不幸福的人，这种方法看起来更加容易，因为短期内并不需要耗费太多的心理能量和付出太多的努力，所以具有负能量的人通常会选择这一种。

实际上，这些人是在逃避自己的生活难题，不想去直面、去解决，只想用一种投机取巧的方式令自己解脱——推卸责任和寻找更不幸的个体。可惜这一招根本不灵光，因为虽然责任可以暂时推卸，但是事情并不会因此得到解决，不面对问题，就得面对问题带来的苦果，这个苦果可没有人能替他们尝。其次，即使他们能够找到更不幸的个体，得到暂时的安慰，但是那些努力过得更幸福的人总是明晃晃地摆在那里，他们闪躲不及，迟早要受到刺激，从而意识到自己终归是一个失败者。

这还不是最糟糕的。能量之间有一种吸引力，负能量总是也只能够吸引来更多的负能量。没有人会喜欢散发着负能量的人——除非他自己也充满负能量。于是，一个可怕的恶性循环开启了，具有负能量的人吸引来了同样具有负能量的人，两人或多人的负能量进行交换，共同责骂、抱怨和宣泄，使得他们都具有了更多的负能量，而这些负能量势必会影响到他们的行为和情绪，给他们带来更恶劣的结果，这些恶劣的结果又会使他们去责骂、抱怨……就这样，他们陷入了一种完全负面的生活，过得偏执而又荒唐。更可怕的是，他们还完全不知自己的错误，因为他们总是能够得到“同伴”的支持。

正负能量的四个维度

一个企业家到校园里为学生们做创业演讲，他声情并茂地讲述自己的创业历程，感情丰沛，情绪激昂，在座的毕业生无不受到他的感染，一个个热血沸腾，对未来充满了希望，恨不得现在就捋起袖子大干一场。

一位年老的智者，盘坐在书桌旁，眼前是一壶好茶。他面容平静，略带笑意地倾听弟子讲述自己的困惑和苦恼，待弟子讲完，他只轻轻点拨两句，便令弟子醍醐灌顶，大彻大悟。他气定神闲，气场强大，令人震撼。和他在一起的人，即使不与他交谈，也会受到他的感染，对人生多一些顿悟，感觉身体充满能量。

一个是激情澎湃的企业老总，一个是面如平湖的智者，两人都充满正能量，但却又如此不同。我将正能量划分为两类，一类是外显型的，就像这个企业家，这样的人的精力似乎是永远不会耗竭的，他们奋进、热血、永不服输、充满激情。另一类是内敛型的，就像这位年老的智者，这样的人总是那么淡定、冷静、理智并且宽容。他们从不生气，对他人宽容以待，看问题深邃入骨，他们自信，相信人类的力量，并且永远是自己生命的主宰。

张总是某公司的销售部总监，他有两个非常令他头痛的下属。一个是A先生，A先生对公司的不满溢于言表，他经常和同事抱怨公

司的待遇太低，自己的那些同学现在都多么飞黄腾达，他也经常在别的领导面前告张总的状，说他对下属不够公正，有时他甚至会当着客户的面给张总难堪，让张总下不来台。而张总的另一个下属B先生却完全不同，他从来不多说话，也不搬弄是非，但是他几乎从不认真对待工作，说白了，就是消极怠工。他整天提不起精神，对自己的未来没有任何设想，不想涨工资，也不想提升自己，只想混日子。他的口头禅是"没意思"、"就那样呗"、"瞎混"。

一个爱挑事儿，一个死猪不怕开水烫，两个人都充满负能量，但也不尽相同。同样的，我把负能量也分为两类，一类是攻击型的，就像A先生那样，充满这类负能量的人容易暴躁、愤世嫉俗、犬儒主义、刻薄、抱怨。一类是退避型的，就像B先生这样，充满这类负能量的人容易抑郁、悲观、消极、退缩、无助、被动。

正能量和负能量都不只有一种类型。无论是外显的还是内敛的正能量都是好的，并无高级与低级之分，一个人到底具有哪种类型的正能量，与性格、价值观等多种因素相关。而无论是攻击型的还是退避型的负能量都是不好的，没有轻重之分，同样受到很多因素的影响。不过，如果想消除这两种负能量，倒是有不同的对策和方法，可以对症下药。在后面的章节中，我们会讲到许多消除负能量和获取正能量的方法，有的方法可能对获取外显的正能量更有效，有的方法可能更有利于对付退避型的负能量。你完全可以根据自己的状况，选择适合你的，或者你更喜欢、更容易接受和坚持的方法。

另外，对能量的分类是一种较为理论化的做法，在现实生活中，它不会如此分明。很少有人只有正能量或只有负能量，而一个人所具有的正能量究竟是外显的还是内敛的也不会那么显而易见，实际上，具体到某个人身上，他所具有的能量很可能是几种类型

的混合。我们所要做的，是通过对能量的划分与定义，更好地去理解它，感受它，然后内化为自己的行为，不断强大自己的正能量，逼出体内的负能量，让自己像向日葵一样，向着阳光所在的方向快乐、有益地生长。

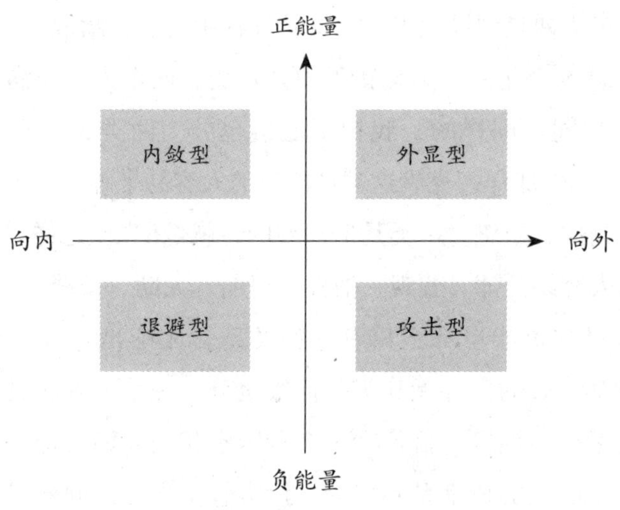

正负能量的四个维度

第二章
对抗负能量

【本章导读】

- 自卑：指向自我的不满
- 焦虑：真正的安全感来自于内心
- 嫉妒：别人的生活与你无关
- 封闭：一种对他人的不信任
- 抱怨：在生活面前一文不值
- 无助：完全被这个世界击败了
- 仇恨：何必拿别人的错误惩罚自己
- 发怒：自控力的严重缺乏
- 挑剔：看到的全是不好的
- 负能量总是相互传染

自卑：指向自我的不满

朱丽叶是一家外企的财务部经理，28岁，收入不菲，每日出入高级写字楼。她身材高挑，皮肤白皙，品位也算过关，衣服穿在她身上总能加分不少。她大学辅修了法语专业，所以她会两门外语，在别人看来很是洋气。并且，她嗓音很好，无论和朋友还是和客户吃饭，动人的歌声总能给人留下深刻的印象。在别人眼里，朱丽叶即使算不上完美，也绝对是一个佼佼者，以至于新进入公司的年轻人都不太敢和她说话，她的美丽和地位给人一种望而生畏的距离感，多少有点高不可攀的味道。

但朱丽叶却一直活在自卑的阴霾之下。有时多喝了几杯酒，她也会和好友说起自己的自卑感，好友却总是一脸惊诧，感到难以理解："你有什么好自卑的？人长得漂亮，事业也很成功，追你的人还那么多，简直是要什么有什么！如果连你都自卑，我们这些人就都别活了！"

朱丽叶一直苦于没有人理解她。她的自卑源于小时候的经历，源于她的姐姐。她的姐姐大她两岁，生得比她还漂亮，而且从小就乖巧懂事，学习又好，一直是老师的宠儿。也是因为此，父母总是偏袒姐姐，她从小也总是用姐姐剩下的东西——穿姐姐穿剩的衣服，玩姐姐玩过的玩具。和姐姐一起出门，碰到父母的朋友，那些

大人也总是夸赞更加漂亮学习也更好的姐姐，而忽略她的感受。其实，她并不差，只是和姐姐比起来，总是稍显逊色。所以，她从小就活在比姐姐差的阴影里，总觉得自己不够好，因此感到自卑。对于小孩子来说，父母的爱是最重要的，如果连父母都不觉得自己是最棒的，那么孩子还哪里来的勇气和自信呢？

一个人是否自卑，并不完全取决于客观事实，它更多的是一种主观感受。自卑是对自己的一种消极评价，以及由这种消极评价所引起的消极情感。换句话说，自卑与真实的自我并不完全画等号，非常优秀的人也可能会觉得自卑，而非常差劲的人也可能完全没有自卑感。

虽然自卑是对自己的消极评价，但对自己的评价，很多时候都会受到他人评价的影响。朱丽叶就是一个很好的例子，其实她并不差，和许多人相比都算得上优秀，但是她偏偏有一个每一方面都比她更强的姐姐，以至于身边的人总是夸奖姐姐而忽略她，这使得她心生自卑之感。自卑感也会来自于事情的结果，如果一个人的目标总是无法达成，做事总是失败，也会引起自卑。比如一个人想考大学，结果落榜了，紧接着追求一个女孩子，结果惨遭拒绝，接下来找工作又总是吃闭门羹，这时他就会对自己产生怀疑，感到自卑。一个人总是达不到自己的目标有两种可能，一种是能力确实有限，另一种可能是对自己的要求过高。所以，自卑也可能来自于一个人对自己过于严苛的要求。过分要求完美，做什么都想当第一，总是活在对瑕疵的不可宽恕当中，是不会让人对自己感到骄傲的。

没有什么是比怀疑自己更可怕的事了，自卑是指向自我的不满，它让你胆怯，轻易放弃本来可以驾驭的人与事。或者，它用去了你太多的时间去自我谴责、沮丧、逃避，用一种自负的姿态来掩盖自己的自卑。自卑还会让你感到孤独、无助，甚至产生厌世情

绪——一个讨厌自己的人怎么可能特别热爱生活呢?

既然自卑是一种自我感受，那么，消除自卑也全得靠自己。消除自卑分两个阶段。第一个阶段，当你内心还不够强大的时候，你可以借助一些外力。比如，多做一些自己比较擅长的事情，用成功来增强自信。给自己设定目标时要尽量具体，尽量将其分解，每当一个目标实现时就好好奖励自己，享受成功的喜悦。另外，不要总拿自己的短处和别人的长处相比，多关注别人对你的赞扬，相信他人对你的肯定和鼓励。还有，不要对自己要求过高，量力而行。第二个阶段，当你的自卑感已有所减轻，就可以多从认知的层面提高自尊。你需要正视自己不够成熟和不够强大的一面，试着承认它，并且接受它。说到底，自卑是指向自己的不满，当你能够完整地接受自己的时候，就不会再感到自卑。在这个阶段，你要试着不再那么在意别人的看法——无论他人对你的评价是褒还是贬，都不要再让它轻易影响你对自己的判断。这个时候的你应该坚持一个信念：每个人都有所长和所短，这本身是一件再正常不过的事情。不必在意别人的目光，也不必在意失败，因为人生只是一个过程，只要自己在这个过程中足够努力、足够认真，不断在完善自我，自己就是最出色的、最完美的，至于结果，根本没有那么重要。

你要努力消灭自卑感，因为只有消灭了它你才能够振作，才能享受美好的生活。毕竟，所有的幸福都是从爱自己开始的。

焦虑：真正的安全感来自于内心

薇薇安是某个私企老板的助理，26岁，长得很瘦，总穿着一件藏青色的西服。同事们很少看到她笑，也很少有机会和她共进午餐，因为她总是很忙碌、很紧张。确实，做老板的助理并不轻松，需要面面俱到，稍有闪失，就有可能影响大局或者惹老板不高兴。但是，即使在工作之外的时间，薇薇安也很少感到轻松。她似乎总有许多需要担心的事情，不是担心明天的会议不能正常进行，就是担心妈妈的腿伤又会复发，再不然就是担心交规的考试不能通过。朋友们总是劝她，何必总是担心这个担心那个，难道不累吗？但她就是会控制不住地焦虑，总是把每件事情都看得很重要，把每件事做不好的结果都想得很可怕。最为奇怪的是，就算偶尔有那么几个时刻，她确实找不到任何一件值得焦虑的事情，她也不会感到轻松，反而会更为紧张，因为她不敢相信一切都能那么顺遂。这种“无忧无虑”让她产生一种莫名的恐惧感，好像有更大的灾难就要降临，目前的一切只不过是暴风雨前的平静。这样长此以往的焦虑状态，让薇薇安总是深陷于消极情绪当中，她很少能全身心投入地做点什么，忘记烦恼，忘记所需要担忧的事情。甚至，她的睡眠也出现了问题。晚上躺在床上总是翻来覆去地睡不着，好不容易睡着了也会做一大堆的梦，稍微一有声响就会被惊醒。白天的

焦虑加上晚上的失眠，让她的精神看来总是不好，年纪轻轻就显得非常憔悴。

像薇薇安这样的人不在少数。人们焦虑成性。巨大的生活压力和工作压力让人们不停地为一些事情操心，当人们已经习惯了像陀螺一样旋转之后，即使没有事情再需要为之焦虑，也很难停止下来。如果被迫停下来，还会一时很难适应这样无所牵挂的生活，反而会产生一种不真实感和一种不安全感，生活看起来怎么都不对劲。

另外，这个世界充满了各种各样的不确定性，快速的生活节奏，迅速变化的人际关系，让人们缺乏安全感。人们不停地变换着住所，变换着工作，甚至也变换着所爱的人。这样毫无定数的生活使人们为自己的未来感到焦虑，这一刻拥有的东西下一刻就不知道会不会失去，今晚睡去也不确定明早会在哪里醒来。

焦虑的原因也可能是因为人们对自己太缺乏信心，或者将事情看得过分重要。追求完美的人总会陷入焦虑之中：当事情不在自己掌控范围的时候焦虑，目标没有变为现实的时候焦虑，事情做得不够尽善尽美的时候还是会焦虑。焦虑其实是源于一种恐惧，担心事情不能够按照自己期待的方向发展。如果人们没有那么在意这件事情，它能够引起的焦虑就会非常有限。相反，如果像薇薇安那样，把什么事情都看得特别重要，就很容易陷入焦虑的情绪之中。

焦虑是一种痛苦的体验，它会让人们深陷于一种紧张、担忧、躁动和恐惧的情绪当中，减少人们的幸福感，让人惶惶不可终日。焦虑还常常伴随着一些生理症状，比如口干舌燥、心跳加速、血压上升、恶心等，长此以往会严重影响人们的身心健康。所以，我们不能小觑焦虑的影响，要尽量将它驱逐出我们的生活。

对付焦虑最直接也最简单的方法是放松，它是焦虑的克星。很

多事情都可以帮助人们放松，你可以选择最适合你的。比如运动、睡觉、听音乐、看电影、唱歌、逛街、旅行等。放松的升级版就是培养自己的兴趣爱好，让自己的注意力集中在自己喜欢的事情上，从而分散自身对焦虑事件的关注。

当然，对付焦虑更加长期有效的方法还是认知层面的。首先，要学会客观地看待事情的重要性。卡耐基曾经指出："人们所担心的事，百分之九十九都不会发生，而对永远不会发生的事情凭空操心是很悲凉的。"俗话说"人生除死无大事"。每个人的一生当中都会遭遇一些问题，当问题来临的时候，就尽量想办法去解决它，当自己能够做的都做了，就不要过多地去担心，因为这样的担心是起不到任何作用的。更何况，即使不好的事情真的发生了，结果也并非总是像你想象得那么糟糕：一次工作没有做好，还有重来的机会；和男友分手，也许下一个会更好；一次考试没有通过，也不会断送你的命运。减少需要担忧事情的数量，同时降低事情的重要性，就有利于放宽心，更加平静地看待事物。另外，要增强自信心和信任感，一方面要相信自己的能力，相信自己能够掌控生活当中大部分的事件，另一方面也要学会信任他人，交给他人去做的事情就要相信他人能够努力做好：如果你是领导，就要相信你的下属；如果你是丈夫，就要相信你的妻子；如果你是母亲，就要相信你的孩子；如果你是医生，就要相信你的病人。对自己、他人、生活和未来多一点信任，你才能够放下担忧和焦虑，过得轻松和快乐。

 嫉妒：别人的生活与你无关

陈真五年前大学毕业，再三考虑之下决定继续深造，不为别的，只为硕士毕业后有机会解决户口，留在大城市，从此改变命运，不仅让自己、也让自己的后代从此翻身，远离“乡下人”的称号。当她读到研三的时候，参加了一次大学时同寝室姐妹的聚会。寝室的其余五个人都是毕业后就参加工作了，现在有一个自己开了家淘宝店，一个嫁给了富二代当起了少奶奶，还有一个已经爬到了一家外企的部门经理的位置，另外两个混得也不错，收入不菲。回到家后她感到深深的嫉妒，开始怀疑自己选择读研是否正确。她到现在还没有丝毫的工作经验，而其余几个同学都已经混得像模像样，在社会上站稳了脚跟。

研究生毕业后，她选择留在一家大型国企工作，收入虽然不算很高，但很有望解决当地户口。但是令她万万没有想到的是，同去的十个硕士毕业生里只有两个人没能解决户口，其中一个就是她。她再次陷入了深深的嫉妒当中，她真的非常恨，五分之一的概率，怎么就落到了她的头上？每当她在公司里碰见其余八名解决了户口的毕业生时，心尖就如同有针在扎，她不明白为什么别人有的东西她就是没有？

一年以后，她爱上了公司里的同事阿伟，阿伟魁梧的身材能够

给她以安全感，而且为人大方幽默，正是陈真心目中白马王子的模样。在她即将表白之际，竟然在一次下班时看到有一个漂亮的女人来找阿伟，两人亲密地扬长而去。陈真当头棒喝，她真的非常嫉妒那个女人，为什么她能够得到阿伟的爱而自己不能？为什么她生得如此漂亮而自己却相差甚远？

我们大多数人都体尝过嫉妒的滋味，那并不令人好受。从某种意义上说，嫉妒比很多消极体验更让我们难以接受。因为嫉妒具有双向性，它不仅是指向他人的愤怒和憎恶，同时也是指向自我的羞愧和不满，换句话说，嫉妒是对内对外的双重怨恨。嫉妒包含着非常强大的负能量，在它的唆使之下，人们很容易失去理智，变得丧心病狂，做出伤害别人或者伤害自己的事情。嫉妒在七宗罪之列，莎士比亚曾说："您要留心嫉妒啊，那是一个绿眼的妖魔！"嫉妒往往带有攻击性，它使人不倾向于提高自身的水准以期超越对方，而倾向于破坏对方的所得——我没有的你也别想拥有，来拉近与对方的差距。如果其他一些负能量只是将我们带入无感的世界，将我们带入死亡一般的寂静的话，那么嫉妒所包含的负能量就是将我们带进地狱，让我们变成魔鬼，变成杀人狂。所以，我们必须抵制这种具有强大负能量的情绪，设法将自己保留在净土当中。

不嫉妒最简单的方法之一就是多看看自己所拥有的。如果在一开始你没有办法做到不去和别人比较的话，那么就多去和不如你的人作比较吧。正所谓人外有人，天外有天。你不可能是最好的，同时你也永远不可能是最差的。你总会拥有一些别人没有的东西，总会比一些人过得好。多去看看别人嫉妒你的部分，这有利于抵消自己的嫉妒心理。

如果想进一步消除嫉妒，就要再次修改比较对象。嫉妒是通过与他人比较而得来的消极情绪，如果你肯转换比较的对象——不是

和别人比，而是和自己比，就不会常常感到嫉妒。比如多想一想自己已经尽了最大的努力，已经成为了最好的自己，或者自己已经比之前更加幸福了，就会感到内心平静，不再嫉妒别人。

消除嫉妒最高的一招，是将嫉妒转化为羡慕，再将羡慕转化为前进的动力。我们在前面说到过，嫉妒是带有攻击性和破坏性的，它是一种内心的不平衡状态，使人不惜破坏他人所拥有的，闹得两败俱伤。而羡慕是带有崇拜性和祝愿性的，其中带有爱的成分，羡慕一个人时，虽然也会非常希望得到别人所拥有的，但还是会为别人的获得感到开心，它使人更倾向于鞭策自己向别人学习，有朝一日也能够像别人一样幸福。所以羡慕能够增进人与人之间的情感，而不是破坏它们，同时还能够促人向上，努力去争取自己想要的生活。想要将嫉妒转变成羡慕，就要记住，别人的生活与你并无关联，你也并没有机会看到别人生活的全貌，所以，完全没有必要断章取义地去升华别人的获得或放大自己的失去。要试着理解一个道理，拉低别人的生活水平并不能使你获得真正的快乐，所以，身边多一些有能力和幸福的人对你是有益的，他们能够督促你进步，也能够使你从他们的成功当中获取经验，帮助你提升自己的能力和水平，大家共同进步才是美好生活的真谛。

 封闭：一种对他人的不信任

李力今年30岁，山东人，在一家IT公司上班。他从小就是一个要强的孩子，学习成绩优秀，很少需要家里人操心，毕业找工作时也是自己搞定。他最常听到的赞美之词就是独立，在别人看来，他似乎总是比同龄人更成熟一点。

但是，他有一个非常致命的问题——缺乏亲密的朋友。他总是给人一种距离感，似乎和他热络到一定程度就很难再向前迈进，关系到达某个临界点就被冻住了。了解他的人都会说，在他的独立背后，是一种近似于冷漠的封闭。他很少求助于他人，凡事都靠自己解决，实在解决不了也会一个人扛下来，不会向他人倾诉，去借用他人的安慰。所以，虽然他表面上看起来挺随和的，但总会给人一种“不近人情”的距离感。相辅相成的，他也很少帮助别人。倒不是因为自私，也不是有什么恶意，只是他真心觉得人们的问题应该靠自己解决，不应该指望他人，实际上，别人也帮不上什么。比如没有人可以帮助你做出决策，因为没有人比你更了解自己，所以别人给出的建议几乎没有价值。遇到痛苦的事情也应该一个人去消化，因为哭诉根本没有用处，别人也不可能帮你去受罪。所以，他很少向别人伸出援手，因为他觉得自己的帮助通常没有任何意义。也正因为他的这一问题，他至今都没有走入婚姻的殿堂，女朋友交

过好几个，但总是无疾而终。说到底，女人们受不了他的自我封闭，好像在他的周围有一种强大的气场，不允许人们靠得太近，他很少会让人看到他真实、脆弱的一面，同样也不愿意走进别人的内心，女人们无法想象如何对一个这样的人托付终生。

李力的封闭在潜意识当中只有一个理由：他人都不可靠，凡事只能靠自己。形成这种认知的原因因人而异，有可能是源于婴儿时期家人的疏于照顾，也可能是在成长的过程中他人的表现一再令自己感到失望。逐渐地，像李力这样的人就将自己的内心封闭了起来，用一种独立且无所畏惧的面貌示人，将自己柔软的一面加以掩藏，甚至连对自己都不愿意承认。

倾向于封闭起自己的人越来越多了，他们觉得这个世界太令人失望。在这些人看来，人们越来越浮躁、急功近利甚至是唯利是图，人们相互利用，人走茶凉，很少再有出自真心的朋友。他们在需要他人帮助的时候一再落空，在对他人寄予希望之后一再失望。索性，他们不再信任任何人。

很多人意识不到这种自我封闭其实充满负能量，甚至有人会把封闭误当做是独立，认为它包含着正能量。实际上，人们何时都不可能脱离开社会关系，我们比自己想象中更需要他人，也更易受到他人的影响。过多的依赖他人或者被他人依赖是一种病症，但是适当的求助和依赖却是正常现象，甚至，是一种良好的现象。在工作当中，我们需要团队合作，需要与他人分工，并给予适当的信任。在生活当中，我们需要亲密关系，需要社会支持，需要他人帮助我们排忧解难，需要与他人分享生活，同时享受亲密关系带来的幸福感。曾经有一位老人说过："我活到这把岁数才明白，人活一世，活的就是与他人的关系。"与他人的亲密关系是具有功能性的，它能够帮助我们在社会上更好地生存，让我们比单打独斗走得更好更

远。亲密关系除了能用最实际的方法帮助我们脱离困境以外，它还是我们的精神动力。举一个例子，千万不要以为向他人倾诉毫无用处，即使他人无法向我们提供建设性的或者专业性的建议，倾诉还是能够帮助我们减轻心理负担，缓解压力，让我们重新振作起来，内心充满力量，从而更加勇敢地去面对生活。另一方面，亲密关系不仅仅能够帮助我们消除不良情绪，还能为我们带来无可代替的幸福感。换句话说，它不仅能够雪中送炭，还能够锦上添花。

想要走出自我封闭的状态，没有其他良方，唯有摆正自己的观点。首先，要明白谁也不是十项全能，谁也不可能只靠自己。人具有社会属性，向他人伸出援手，同时接受他人的庇护，相互取长补短，才能共同进步。其次，要明白那个伤害过你的人，代表不了全世界。生活需要智慧和勇气，其中的一种表现就是不以偏概全，不因为一次或者几次的被伤害被欺骗就否定所有人的真心实意。最后，要试着去领悟生活的意义。亲密关系的建立，绝不仅仅是为了相互利用，更多的是享受它本身带来的乐趣。被他人信任和信任他人本身就存在无可比拟的价值，本身就能令人感到愉悦。允许他人靠近自己，同时也愿意去倾听别人的心声，这样才能够让自己活得真实，才能够体尝到人生最核心的幸福。

 抱怨：在生活面前一文不值

李念35岁，是一家公司里的普通职员，她有一个内向的老公，和一个六岁大的儿子。李念只有两个爱好，一是看电视，二是聊天。所以对于她而言，人生最大的幸福莫过于一边看电视一边聊天。说到聊天的内容，则总是离不开抱怨。让我们截取几段她的聊天内容来看看：

在单位和领导的对话："领导，这个活您说让我怎么干啊，各部门都不配合，他们不把数据交上来我根本不可能按时完成任务，这事儿不在我的控制范围之内啊。那些部门的领导根本不把我当回事儿，我跟他们说什么他们也不重视，我这工作真是没法干了。"

在家里和老公的对话："你看看你，一吃完饭就坐在那看电视，碗也不刷，也不知道收拾收拾屋子。就你上班啊，我也上一天班了，凭什么回来就得我干活啊。你要是挣得多也行，一个月就挣那么俩钱儿，在家还整天跟大爷似的。你看看人家爱萍的老公，多有本事，上个月又换了辆车，你要能跟他似的，我就什么活也不让你干！"

在咖啡厅和朋友的对话："你说说现在这个物价，真是没法弄了。房子都多少钱一平了？我看我这辈子只能跟我们家那两口子挤在那小破屋子里了。别说买不起房子了，我现在连水果都快吃不起了。什么水果都那么贵，孩子现在还小也不能不吃水果，你说可怎

么办啊！”

在学校和孩子的老师的对话：“张老师啊，以后就麻烦您多多管教我们家孩子了，我这儿子啊就是调皮，从小被他奶奶给惯的，他奶奶的教育方式有问题，他要什么，他奶奶就给买什么，最后弄得他就跟奶奶亲，连我这当妈的话都不听了。唉，您说我能怎么办啊？！”

抱怨是一种陋习。偶尔的抱怨，也许可以起到一定的宣泄和缓解压力的作用，但如果遇到任何困难的第一反应都是抱怨，甚至唯一的反应就是抱怨，这个人的生活一定非常糟糕。原因非常简单，抱怨解决不了任何问题。

抱怨是一种扭曲的归因，一种狡辩，将错误都归结于外界。所有事情的结果，都取决于两个方面，自身的能力和努力，环境的支持和机遇。抱怨，就是无限扩大外在环境和他人因素的作用，而故意隐瞒自己的懒惰和失误。抱怨是一种借口，为自己开脱，为他人上刑。

抱怨也是一种自负，一种矫情。爱抱怨的人，内心往往都是高高在上的，他们觉得自己就应该被他人照顾，就应该有人为他们铺陈好道路。生活和社会应该对他们绝对公平，不，应该有所倾斜，他们不该遭受生活的苦难，沦落到要肩负起琐碎的责任。他们的父母应该提供给他们更好的生活，他们的伴侣应该为他们披荆斩棘，而他们的上司应该对他们法外开恩，就连陌生人也应该为他们特别让路。

那些特别爱抱怨的人，会把自己的爱抱怨归结于所遇到的不公平的生活。可实际上，爱抱怨的人，无论你给他们什么样的生活，他们都会抱怨个不停。是否抱怨，不是生活决定的，而是心态决定的。

爱抱怨的人很容易惹人反感。恐怕当你阅读我上面所举的那几个例子的时候，就已经深有体会了。人在抱怨的时候会散发出强大的负

能量，倾听者会感到心烦意乱，情绪变得低落。有趣的是，即使是爱抱怨的人，看到这样的例子，也会感到很不舒服。因为抱怨在生活面前真的一文不值，它不仅不能解决实际问题，还会给自己和他人徒增烦恼。庆幸的是，它其实并不难击败，如果你也是一个爱抱怨的人，遵循以下方法，便能缓解甚至消除你那没完没了的抱怨。

不要抵触失败和困境。爱抱怨的人通常很难接受失败的结局，所以才会用抱怨的方法来逃避。其实，每个人的一生都会经历很多次大大小小的失败，应该将它们视为人生的常态，而不是什么不可接受或者罕见之物。努力将自己做到最好，但永远不要害怕失败。

当然，敢于面对失败和困境，并不等于消极接受，更不是对现实妥协，而是要更加在意事情的过程，在意自己的努力和付出，去积极地解决问题。抱怨不会对事情本身产生帮助，只有竭尽全力去解决问题，才能够促使事情向自己希望的方向发展。所以，如果困境和问题已难以避免，首先要做的是反省自己，而不是急于指责他人，或者寻找环境的不尽人意之处。看看自己是不是已经做到了最好，是不是已经尽了最大的努力，是否还有不够完善的地方，是否还有进步和改正的空间。如果有，就先放下自己控制不了的因素，将自己能够做的做到极致。

最后，爱抱怨的人有一个通病，喜欢关注事情不如意的方面。其实，凡事都具有两面性，事情也不可能永远向着错误和不好的方面发展，注意留心事情好的一面，多去发觉他人的善意，体会自己的付出，享受自己的所得，为自己的进步喝彩，更要学会自我奖励和积极的自我暗示，唯有如此善待生活，才能远离抱怨。

无助：完全被这个世界击败了

王博36岁，大专学历，有过一次短暂的婚史，现在孤身一人。他在一家并不景气的公司打杂，活儿不累，但收入微薄。他年轻的时候也曾经是一个有志青年，玩儿过乐队，篮球技术也是一流。后来他认识了一个叫铃铛的漂亮姑娘，对她一见倾心，放弃了去外地工作升迁的机会，一心留在当地追求铃铛。后来，铃铛虽然追到手了，但刚结婚两年就跟别人跑了。王博心灰意冷，他对铃铛几乎付出了全部的热情，使出了浑身解数，简直是百分之百的真心和用心，但结果还是如此悲惨。祸不单行，刚离婚半年，奉职多年的公司也决定不再和他续约，理由很简单，当公司需要你去异地工作的时候，你竟然不尊重公司的决定。王博感到哭笑不得，他一毕业就在这家公司工作，感情自然很深，他千想万想也想不到会被公司这么轻易地抛弃。虽然因为个人感情的原因没有遵循公司的意愿去外地工作，但他在公司这么多年来一直尽心尽力，也为公司创造了不少业绩，公司怎么能够就因为这一次的问题而将他永远拒之门外呢？

那段日子是王博一生当中最灰暗的时光，他万念俱灰，对人生感到绝望，甚至一度出现了轻生的念头。也是在那个时候，他改变了自己的人生观，他开始认为人的努力根本没有意义，人根本不可

能左右自己的命运，再努力也换不来成功，更别提幸福。从此，他消沉了下去，再也没打起来精神。在家休养了一段时间后，他随随便便找了一份工作，公司快不行了，他也懒得换，觉得在哪儿干都一样。很多人劝他再找个女朋友，他也听不进去，每天下班就窝在家里看电视睡大觉。时至今日，他依然过着这种颓废的生活。

王博感到很无助。

无助，是一种妥协，一种认输的姿态。不想再努力，不想再尝试，不想再寻求任何改变。这样的人，无论现实多么惨烈和不尽如人意，都不会再做挣扎，只会没有条件地全盘接受，在一种消极的状态下苟且偷生。换句话说，他们已经认定自己不能改变事情的结果，所有的行为都是无力的抗争，他们不仅仅是感到自卑，而是感到自我无用，是对自己的彻底放弃。

不用说，这样的人的生活，必定是一片灰暗的。他们悲观，对生活燃不起任何希望，得过且过，毫无热情可言。他们自卑，甚至感到抑郁。这不仅会影响到他们的生活质量，简直对他们的生存状况都造成了威胁。如果你或你身边的人出现了这样的状况，一定要引起相当的重视，帮助自己或者帮助他人改变现状。

无助感不是一日形成的，所以，想要改变也并非朝夕之事，需要一个由表及里、循序渐进的过程。首先，你要学会将自己的生活划分出不同的区域。要认识到一次甚至几次的失败不代表会永远失败，在某一领域的失败也不代表整个人生的失败。也就是说，你不能够让失败的情绪和自我无能的认知泛化到生活的各个层面。比如，一个人小时候不擅长写作，不代表长大以后也不擅长写作。一个人可能确实不擅长运动，但也许他的乐理或者书法很好。一个人在一家公司干得不好甚至被开除，不见得在其他公司其他行业也会干得不好。要合理、客观地认识自己的缺陷和不足，不要因为一次

或者一类失败，就轻易地否定自己的整个人生。

失败不是美好的经历，在经历失败以后，难免会想要退缩。但实际上，失败之后的行动，比何时都更为关键。如果你在这个时候退缩了，可能就永远地失去了逾越这道坎的机会，以后再遇到此类事情都会躲避，在心中认定了自己不行。但如果失败之后你鼓足勇气，再次去尝试，你会有双倍的成功机会。因为你一定能够从上次的失败经历当中获取最为宝贵的经验，再加上“练习效应”，以及被挫折激发出来的求胜欲，翻越过去并不难。一旦过去了，你就会发现这一切根本没什么，是否能成功，其实在于你面对困难的时候有没有必胜的信念，你在心中默念的台词到底是“我不行”还是“我必须赢”。

我们有时会对生活留下刻板印象，用过少的经验总结过多的事。因为过去的失败，而否定未来所有成功的可能。我们对待生活的态度，永远应该是勇敢地挑战，而不是小心地试探。不然，我们最后就会被击败，倒不是被生活击败了，而是被内心那个不够强大的自己击败了。无论你是谁，永远要做生活的驾驭者，而不要做生活的奴隶。即使暂时失败，也不投降、不言弃，这才是正确的生活姿态。

仇恨：何必拿别人的错误惩罚自己

琦琦曾经是一个单纯而开朗的女孩儿，五年前爱上了一个高大帅气的男人。两个人可谓一见钟情，迅速坠入爱河。两年以后，琦琦意外怀孕了，她像一只小燕子一样飞到这个男人身边，告诉他这个喜讯，并且觉得他们到时候步入婚姻的殿堂了。然而男人感到极其震惊，情急之下才告诉琦琦实情，原来，他已有家室，他的儿子都会打酱油了。琦琦觉得天昏地暗，一屁股坐在了地上。后面的情节更是夸张，这个男人换掉了所有的联系方式，租住的房子也是人去楼空，从此人间蒸发。

琦琦用去了很长的一段时间来思考，希望能够理清所有的线索，实际上就是希望自己能够接受这个残酷的现实，可是她怎么也想不明白，那个将她含在嘴里怕化了，捧在手里怕碎了的男人，怎么可能欺骗了她两年之久？又怎么可能忍心抛下有孕在身的她说走就走了呢？

最终，琦琦还是选择了把孩子打掉，但是她心痛不已。她觉得那个男人毁了她的生活，让她失掉了对爱情的信任，失掉了自己的孩子，失掉了所有的幸福。自此，她便活在仇恨当中，虽然没有办法找到那个销声匿迹的男人，但是她经常在深夜诅咒他，一想起这个人就咬牙切齿。琦琦再也不是那个单纯美好的女孩儿

了。她像变了一个人一样，每天面无表情，对所有的追求者都持怀疑和鄙视的态度，她觉得天下的男人都一样，不过是图她的身体。天下根本不存在爱情这种东西，所谓爱情，不过是对交易和欲望的一种掩饰罢了。

恨，是一种带有破坏性的负能量。它的终极目标是毁灭，不仅毁灭对方的生活，也毁灭自己的生活，带有极度仇恨的人，是不介意与对方同归于尽的。相比于其他的负面情感，恨较难逆转，人们不容易从恨意当中抽身。它犹如一片沼泽，越是在其中挣扎，越是容易深陷。

但是，即使再难，我们也不能对仇恨置之不理，因为它太容易将我们的心力全部耗尽，让我们活得偏执而没有乐趣。在它的控制之下，人生再也不是一场丰富多彩的体验之旅，而完全是为了复仇而勉强存在。最可怕的是，心中带有仇恨的人，内心再难得到平静。

我们可以算一笔账，恨一个人是否真的值得。微博上流传着这么一个段子：如果丢了五十块钱，你会花一百块钱打车去把这五十块钱找回来吗？大多数人的答案是不会。仇恨其实也是一样，只是很多人想不明白。别人对你造成的伤害可能是五十分，但是如果你因此而仇恨对方，甚至想尽一切办法耗财费力地去报仇，所得到的伤痛可能都不止一百分。换句话说，仇恨可能比原本的伤害更痛更伤。所谓报了仇就会感到痛快，真的只是一相情愿的幻想。别人的痛根本不可能弥补你的伤，他们是独立存在的，不会因为别人受了伤，你的伤就痊愈了。特别是当对方还是你曾经爱过的人的时候，报仇之后，看到他狼藉一片的样子，你的感情会更加五味杂陈。仇恨，说到底，是在拿别人的错误惩罚自己。

要学会乐观地、宽容地、多面地看待问题。世界上不存在绝对

的好事，当然也不存在绝对的坏事。有句话说得好：有时敌人就是你最亲密的朋友。伤害你的人，令你憎恨的人，有时比任何人都教会你更多，他们让你变得坚韧、变得聪明、变得丰厚。通过与他们交手，你会明白许多道理，看清很多是非，从而让自己远离更严重的伤害。伤害也是一种学习，一种成长，是人生一份谁也逃不过的考卷。

另外，如果因为他人的错误就憎恨对方，只会让两个人都陷入更糟糕的生活，但如果你懂得化解矛盾或者谅解错误，就能净化自己的心灵，让自己远离是非，从而将它对自己的伤害降到最低，伤害你的人也有可能因为你的宽容和善良而醒悟，这不是一举两得吗？

仇恨，说明你还把对方放在心上。何必耗费大量的心力去对一个你并不喜欢、对你也不再重要的人呢？想所恨之人的时间甚至超过想所爱之人的时间，还有比这更愚蠢的行为吗？放下仇恨，不仅是一种善念，不仅是为了对方，更是为了自己。你所放弃的，不是与对方的战役，而是你心底里自己与自己的抗争。

发怒：自控力的严重缺乏

冯桥是某公司的总经理，一个大腹便便的中年男人。他的员工在背地里给他取了个外号，叫做绿巨人，原因有二，一是他身形巨大，二是他极其容易发怒。他的办公室是玻璃门，员工经常看到的景象就是他前一分钟还在好端端地打电话，下一分钟就在拍着桌子对着电话怒吼。员工也难逃此种命运，不知何时就会遭到冯总一顿劈头盖脸地臭骂。冯桥其实对谁都是如此，包括他的妻子还有他的宝贝儿子。只要遇到不顺心或者看不惯的事，他的火儿就一下子蹿了上来，整个人马上被引爆。他的愤怒总是来得那样突然，他就像个随时会爆炸的炸弹，弄得身边的人整日诚惶诚恐。因为他的坏脾气，他已经失去了太多，就连他最亲密的朋友都说："老冯啊，你这火暴脾气到底什么时候能改改啊，岁数这么大，怎么还不见好呢？"其实他自己也不喜欢自己这样，可他就是无法控制住自己，每次发火之后又总是后悔，千方百计地补救自己因发怒对别人造成的伤害，可伤害，总是像泼出去的水，难以收回。他的心地再善良，也永远无法抵消他说来就来的暴脾气。

人在发怒的时候会失去理智，就像很多人形容的那样："发怒的时候，我是不受自己控制的，我都不知道自己说了什么做了什么。"很多伤人的话和伤人的行为，甚至一些犯罪行为，都是出自

于发怒之时，等到心情平静、意识恢复过来的时候，人们通常会追悔莫及，只可惜为时已晚。失去了理智，也就难再讲什么道理，自己一下子从得理的一方，变成了没理的人。发怒的时候，人们的行为和言语通常会远远地超出本心，变得面目狰狞，出言不逊，动作夸张，后果不计。因为发怒，有些人失去了家庭，伴侣因为无法长期忍受，或者担心孩子受到伤害，而离其远去。有些人失去了工作，因为总是无法平静地面对客户和同事，所以被企业拒绝。还有些人因此失去了珍贵的朋友，因为一句过于伤人的话，断送掉多年的友谊。但最重要的是，这样的人失去了自己，因为他们极其容易发怒，而一旦发怒，他们就不受自己的控制，自己反而变成了一个皮囊，好像被别的什么力量所挟持着。

爱发怒的人有两个特质，第一，心理承受能力较差，宽容度较低，也就是愤怒的起点较低，有些人可能无论你怎么骂他他都不会生气，可有些人只要你的言语稍有不敬他就会暴跳如雷。第二，自我控制能力较差，有些人即使非常生气，也能做到心有惊雷而面如平湖，可有些人就会即刻爆发毫不掩饰。

愤怒以及发怒这种负能量，是极具爆破力的，它能让战争在瞬间升级。当一个人对别人发怒时，如果对方也是个暴脾气，就会引发对方的愤怒，让负能量瞬间成倍增长。如果对方相对弱小，那么就有可能引发对方恐惧、难堪、崩溃等退避型的负能量。所以，发怒总是害人害己，造成难以弥补的后果。

想要消灭这种负能量，有很多种方法，分为行为层面的和认知层面的。从行为层面来说，最重要的就是想办法延长自己发怒的时间。比如数数，当你想要发怒的时候，先在心中默数数字，从一数到十，或者更多，这段时间你的理智可能有办法重新控制你的大脑，以避免灾难的发生。还有一种有效的办法，就是立刻看向自己

身边开阔的地方，比如抬头看向天空，或者看向远处有花有草有树的地方，如果条件不允许，就在脑中想象一览无余的大海，海鸟在空中滑翔等自然景象。这样的图像会令你心胸开阔，心情重新恢复平静。另外一种办法，是随身携带糖果或者口香糖，当你感到自己就要变身为“绿巨人”的时候，马上拿出一块放进嘴里，甜美的食物有助于降低火气。

当然，行为的方法总是治标不治本，如果想彻底改变自己爱发怒的问题，最重要的还是改变自己的认知，深刻了解爱发怒的不利影响，剖析自己爱发怒的原因。要记得，凡事都不要看得过重。会发怒，是因为你在意这件事，如果不把事情看得太重，就不会那么生气，自然也就不会发怒了。学会乐观地看待事情，把得失看得淡一些，就不容易急火攻心。

现代社会的生活节奏越来越快，每个人的头上都顶着不同的烦心事，人也就容易变得焦躁不安，这种时候，火气一点就着。发怒，已经逐渐成为一个重大隐患，影响着人们的心情和生活质量。基于它的重要性，我们还将在后面分享更多关于如何控制自己坏脾气的方法。希望发怒的威胁性和破坏性能够引起我们足够的重视，让它永远撤离出我们的生活，使得我们能够和身边的每个人和睦相处。

挑剔：看到的全是不好的

晴雨是一名家庭主妇，她老公的工作非常繁忙，所以她就辞职在家照管家庭琐事和看管孩子，她的女儿已经上初中二年级了。她对事情的要求总是非常高，一点点小不如意都会使她絮叨个没完，心情坏到极点，她的老公和孩子经常被她这一点闹得心烦意乱。举几个简单的例子：如果周末她老公心情不错，下个厨烧几个菜，不仅换不来她的夸奖，还总是会听到她的挑剔之词，比如芹菜太咸了，扁豆怎么都没择干净，厨房被弄得乱七八糟等，弄得本来好好的一顿家庭晚餐吃得不欢而散。女儿就更难逃母亲挑剔的魔掌：被子总是叠得不够整齐，怎么才考了95分，明明可以考满分的，怎么又把米饭掉在了地上。她很少称赞别人，因为任何事情她都总能看到不足的地方，总是要挑剔一番，即使是最细枝末节、微不足道的部分也不放过。

婷婷30岁，是所谓的"大龄剩女"。她长得相当漂亮，身材也很好，还有一份体面的工作，所以每当她告诉别人自己至今未婚时，对方都会惊诧不已地说道："怎么可能？！一定是你太挑剔了！"确实如此，她对男人极为挑剔。她对未来老公的要求，不仅是长得帅、身材高大、会赚钱、对她好这么简单，她要的是一个零缺点的男人，也就是说，得和她心目中那个白马王子的形象完全吻合。她曾经交往

过三个男朋友，和第一任男友分手，是因为他偶尔会说脏话；和第二任男友分手，是因为他去她家上卫生间的时候，总不记得把马桶盖放下来；她和第三任男友分手，是因为他有一天忘了给她发睡前晚安短信。因为她条件确实出众，所以在她最终又恢复单身状态后，有很多朋友争相给她介绍对象，但都因为各种各样的原因被她淘汰出局了，最后，再没有人愿意给她介绍对象了，因为她的要求实在是太苛刻，有时拒绝的原因都让人觉得哭笑不得。

与其他负能量不同，喜欢挑剔的人通常不觉得自己的行为是挑剔，更不觉得这是什么负能量，他们言辞灼灼，把这说成追求完美的表现。我们要明确：追求完美和要求完美是完全不同的两件事情。追求完美，是在做事的时候严格要求自己，尽力将事情做到最好，也就是说，它更多的是对自己做事态度的要求，而不是对事情结果的一味追求。只要是自己竭尽了全力，发挥了自己的最好水平，无论结局如何，追求完美的人都会感到高兴。而要求完美则不同，要求完美往往指向的是他人和事情的结果，即使这件事情已经超出了人们的能力范围，已经超出了去要求的必要，也不肯善罢甘休。有个成语非常好，叫做过犹不及，在有些时候，事情并不是做得越精致、要求得越高就一定越好，而是要讲究付出与回报的配比，也就是我们常说的性价比。学过管理学的人都知道边际递减效应，它是指在其他条件不变的情况下，如果一种投入要素连续地等量增加，增加到一定产值后，所产出的产品的增量就会下降。也就是说，当超过一定的限度时，多出的那么一点点要求，却需要耗费大量甚至是过量的资源去实现。这种过分的要求，已经几近一种病态。

爱挑剔的人，往往是以自我为中心的，挑剔经常让我们联想到刻薄和不近人情，这样的人通常不会换位思考，不会设身处地地为他人着想，而只会考虑自己的需要和利益。人们没完没了地挑剔，

也有可能是为了引起他人的重视，提醒别人自己的存在。像晴雨，就是因为没有工作，所以将所有的注意力都集中在了自己的老公和孩子身上，用挑剔这样的手段来提升自己的存在感。

挑剔实在不是什么好事，不仅会吓跑身边的人，也会让自己活得很累，由于总是关注事情不好的一面，也会让自己很难感到开心和喜悦。如果想让自己变得不挑剔，首先就要学会多从宏观的角度看待问题。喜欢挑剔的人，往往是因为钻进了牛角尖，将目光局限在还不够好的一点点，而看不到做得已经很好的百分之九十九。如果肯将目光移开，将镜头拉远，从事情的整体去看待问题，也许就不会太在意那一点点的瑕疵了。所以，要多去看看自己和别人的付出，而不要仅局限于那一点点的失误。

要学会合理地制订目标。我们已经讲过追求完美和要求完美的区别，去做个追求完美的人，而不是要求完美的人。将目标限定在合理的范围内，不要强人所难，也不要在不重要的方面吹毛求疵。打一个最简单的比方，一个员工做一张表格，这个表格可以通过多种途径做到无限美观，但如果想要将表格制作到最好看，可能会需要这个员工耗费很长的一段时间一改再改，从而耽误了其他更为重要的工作。表格的主要目的是为了方便人们阅读，所以它的功能性要远远超过它的美观性，对它的外观要求过高、过于挑剔显然是得不偿失的。

学会宽容和宽心。即使他人确实没有达到你的目标，也不要得理不饶人。没有人会不犯错误，如果总是过于挑剔，只会让他人心生紧张，或者产生逆反心理，起到相反的效果。当然，也要对自己宽容，多看事情好的一面，多肯定自己的成绩。

将心胸打开，将视野放远，当我们不再过分在意那些微不足道的小事时，就会对他人更和善，对生活更满意。

负能量总是相互传染

虽然我们在这一章相对独立地了解了许多种包含负能量的情绪和行为，以及它们的成因、后果以及解决办法，但是在实际生活当中，这些包含负能量的情绪和行为却极少独立地存在。也就是说，负能量之间存在着一定的相关性，一种负能量的存在，总是容易牵引、演化出另外一种或者几种负能量。所以，我们在生活中所见到的那些身上充斥着负能量的人很少只有一种负能量，而是凝结着多种负能量，它们相互交织，互为因果。

就拿我们本章说到的几种负能量为例：特别自卑的人容易对他人心生嫉妒，而嫉妒又会引起愤怒，愤怒最终会使人产生仇恨。而焦虑之人容易抱怨，过多地抱怨会使其失去倾听者，失去倾听者最终可能会令他感到无助，长期的无助又会使他将自己封闭起来。再比如，挑剔总是与抱怨同在，自卑总是与封闭同在。它们就像一同生长在负能量这棵大树上的几颗恶果，其实相互之间一脉相承。

所以，当我们想要对付负能量的时候，就不能过于割裂地去看待它们，而要注意到它们之间的关联性、并存性和因果性，就像自卑不仅仅代表着自卑，在它的背后可能还隐藏着嫉妒和焦虑。同样，我们也不能小觑它们的力量，一种负能量可能就会衍生出其他多种负能量，当我们感到很难消除某种负能量的时候，要明白，那是因为在它

的背后还有很多“同伙”在替它撑腰。

我们不仅要学会独立分析每一种负能量，还要有能力将它们作为一个整体来看待。当然，我们所说的这一切，都是有关心灵的事，想要解除心魔，还需要我们用心，除了改变行为，更要改变我们的人生观和价值观。此外，我们的终极目标并不是消除负能量，这只是我们寻找并获取正能量的一个中间过程，只是我们迈出的第一步。在消除掉体内的负能量之后，我们要做的不是休息，而是更加全力以赴地去寻找正能量！

第三章
激活你的内在正能量

【本章导读】

- 你的长板比短板更重要
- 多做些“没有意义”的事
- 健康爱好最易激发正能量
- 给“我向思维”留点时间
- 向“反事实思维”说不
- 心灵也会跟着行为走
- 关闭抑郁的无底洞
- 害羞会让你丢了所有可能
- 扑灭你心中的怒火
- 自制力是自我与外界的最佳平衡
- 知人者智，自知者明
- 无论你是谁，请悦纳自己
- 兑现最棒的自己

你的长板比短板更重要

人们常说，智者会用己所长，补己所短。但是在现实生活中，人们却常常将自身的缺点无限放大，想方设法地去弥补自身的不足，而很少去关注和利用自己的优点和长处，白白将自己的优势都浪费掉了。

木桶理论想必大家都听说过，它的中心思想是一个木桶能够盛下多少水，并不取决于木桶上最高的那块木板，而恰恰取决于木桶上最短的那块。这个理论乍听起来非常有道理，可是后来却有人反驳道："就不能把木桶倾斜着放吗？这样长板就能够帮助木桶盛更多的水了。"

实际上，在现实生活和工作当中，我们很难成为一个各种能力和才学都均衡发展的人。在这个科技高速发展的时代，人们更多的是选择更加深刻地去了解和研究某一个领域，成为某一个行业的专家或者领袖。研究生也好、博士生也罢，他们并不是对各门学科都非常精通，而只是对自己所研究的那个专业当中的某一个方向上的某一个课题颇有心得和发言权，从这个角度来说，即使是博士后，即使是专家，在生活当中的短板也远比长板要多得多。人们的时间和精力总是有限的，想成为全才，在这个科学技术快速发展的社会几乎成为了不可能的事，所以，对于我们所有人来说，弥补明显的

短板固然重要，但是能够认识到并发挥自己的长板优势就显得更为关键。

其实我们每个人都并不是一个木桶，而只是木桶上的一块木板。去完成一个项目或者成就一项事业，往往不是靠某个人孤军奋战，而是需要一个团队的力量，所以，成功的关键在于你有一块长板，同时找到有不同长板的团队成员，共同组建成最具深度和宽度的木桶。实际上，你能否成功，能否成为精英团队中的一员，能否发光发热，并不在于你是否没有短板，你的短板究竟有多短，而在于你最长的那块板有多长，这块长板究竟能够发挥多大的价值。

在我们非常小的时候，父母总是担心我们会偏科，如果数学成绩很好，可是语文成绩却一落千丈，或者语文非常好，英语却怎么都提不起来，父母就会非常着急，想方设法地帮我们补课。这是因为那时候的我们还处在打基础的阶段，需要德智体美劳均衡发展。但是当我们已经奠定了一定的基础，对这个世界和社会有了最根本的认识，对各个学科都有了一定的了解，就不再是寻求均衡发展的时候了，这个时候我们所要做的，是突破自己的极限，努力寻求自己的天赋和兴趣所在，找到自己能够远远强于别人或者愿意为之奋斗的领域。高中分文理科、大学分专业、研究生和博士生选择不同的研究方向就是这个目的。当然，我们寻求自己的特长，并不一定非得通过上学这一条路径，特长和兴趣也可能是从生活当中偶然发现的。我有一个朋友，可以说是彻头彻尾的吃货，因为特别喜欢吃，她几乎吃遍了北京所有的餐馆，没有哪个犄角旮旯里的小饭馆是她没有吃过的。无论你说出个什么食物，她都能够立刻告诉你哪家餐馆做得最好吃。因为喜欢吃，她也变得喜欢做菜，并且试着自己琢磨一些新菜谱。后来，为了给自己的这些美食作品留下影像，她还为此学习了摄影，她拍出来的菜显得更加诱人。就这样，一步

步地，她竟然成为了一位美食家，现在不仅拥有一个自己的私家菜馆，还出了四本美食类的图书，在圈内也是小有名气。我还有一个朋友，非常喜欢看电影，他几乎把自己全部的业余时间都用来看电影，商业片、文艺片、纪录片，没有他不看的。因为太喜欢看了，每次看完他都会去网上搜索关于这部影片的相关评论，久而久之，他对导演这个行业产生了兴趣，读了许多这方面的专业书籍，还利用周末时间去北京电影学院进修，认识了许多志同道合的朋友。后来，他买了些简易器材和一群朋友拍起了微电影，然后上传到网上，没想到，其中一部竟然火了。现在已经有投资商要给他投资拍商业微电影，他正一步一步地靠近自己的梦想。

在知识和技能方面，人最好不要有缺陷，但是却可以有不足，因为人无完人。如果你在某些方面的缺失已经到了影响你正常生活的地步，成为了某种缺陷，比如数学差到不能支撑你去买菜购物，语文差到无法与人正常交流，那么你确实有必要花些时间来补足。但如果你只是在有些方面不够理想，而在另一些方面却表现得天赋异禀，或者是非常感兴趣，甚至做起这些事来会废寝忘食，不觉得是在付出和劳作，反而觉得是一种获得和享受的话，我更建议你将有限的时间投入到这些你擅长的事情当中来，你会因此获得更多的正能量，更多有趣的经历和美妙的时光，这也会让别人更容易注意到你，促使你获得更大的成就。

多做些“没有意义”的事

我从小就喜欢朗诵和播音，但是因为种种原因，我后来的人生和播音并没有半点儿关系，但这是我一直喜欢做的事情，话筒对于我来说有一种神奇的魔力，每当看到它，我都觉得它在召唤我。于是，前几年我决定报名参加一个播音培训班，当我将这个决定与家人分享的时候，却遭到了他们的一致反对：“没事儿学什么播音啊？这有什么用啊？对你有什么帮助吗？”我很诧异地回答：“因为我喜欢啊，我只是去学习我喜欢的东西。”我的家人很费解地摇了摇头：“你有那时间，有那些钱，干点儿什么不好，不说去学点儿对你有用的东西，干吗浪费资源在完全没有意义的事情上！”

当然，最终我还是坚持了自己的意愿，去参加了播音培训班，虽然报名费用不菲，需要利用周末时间去上课，平时还要花时间练习，确实很辛苦，但是我乐在其中。日后，我经常回想起和家人的这段对话，之所以会经常想起，是因为我发现很多人都存有这样的想法：应该把好钢用在刀刃上，多做对自己的人生有意义、有帮助的事情。而人们所说的有意义和有帮助的事，实际上指的是那些能够帮助自己提升工作能力和业绩、提高生活水平和社会地位的事。比如考取自己所学专业的职称证书，专科生续个本，本科生续个硕等，这些学习成果可能会对将来寻找工作、升职加薪有所

帮助。人们认为这些才是正经事，才是值得投入时间和金钱去做的事情。而像我这样的人，显然以后不可能在播音的道路上有所发展，成为播音员或者配音员，也不可能通过播音挣到什么钱，那么我去学习播音就是不务正业的，就是没有意义的，就是浪费金钱和生命的。

我对此却抱有完全不同的看法。人们对于“意义”的理解过于狭隘了，或者说，人们太在乎那个存在于社会中的自我了。总想着怎么能够把日子过得好一点，怎么能够提高自身的生活质量，得到他人的认可与尊重。虽然这一切无可厚非，但如果将自己全部的精力和时间都用于此，人生就未免显得过于偏窄和乏味了。除了社会中那个展现给所有人看的自己，那个需要温饱的自己，我们还应该关注一下自己的灵魂；除了努力让自己吃得好穿得暖以外，我们有时也该关注一下自己的精神世界。有一些事情，虽然不能为我们带来直接的物质利益，不能为我们带来权利、地位和荣耀，但是却能够滋养我们的心灵，慰藉我们的灵魂，愉悦我们的身心，让我们感受到最踏实的幸福。试想，努力让自己拥有金钱、权力和地位不也是为了让自己感到幸福和快乐吗？幸福和快乐是终极目标，而金钱和权力只是达成这个目标的手段。那么请永远不要忘记，达到幸福和快乐这个终极目标的手段不只有金钱和权力这一种，还有另一种重要的方法，它甚至比金钱和权力更加直接和有效，那就是滋养我们的心灵，通过健康的、自己喜欢的事情来直接抚摸我们的灵魂，让我们得到最彻底的放松和满足。所以，我对有意义的事情的理解是，如果一件事能够让你感到快乐，能够帮助你认识和理解这个世界，能够让你多一点对人生的思考或者是热爱，能够让你更加了解或者欣赏自我，能够加强你和这个社会的联系，能够鼓舞你的志气，激发你的正能量，帮助你的心灵成长，那么，它就是有意义

的。即使它永远无法给你带来一毛钱的收益，无法使你攀越到半个人之上，无法给你虚荣或者奢华的享受，它依然是有意义的。

如果你肯用这种角度去看待事情，你会发现，你可做的或者说值得你去做的事情多之又多。在晚霞中悠闲的散步，写一部只有自己会看的小说，动手建造一只航空母舰模型，只要是你乐意去做的，发自真心喜欢的，就都具有非凡的意义。

直达心灵的、发自肺腑的欢喜，怎么可能是毫无意义的呢？如果连这些都是没有意义的事，那么，就请你多去做一些没有意义的事吧！

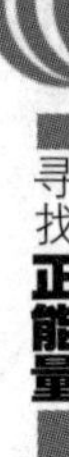

健康爱好最易激发正能量

我见过的能够医治好多种心病的药物，就是健康的爱好。

那些玩了命工作的工作狂、那些特别害怕寂寞的人、那些因为一点小事就和男朋友或女朋友争吵闹脾气的人、那些一天到晚怨天尤人的人、那些精神世界荒草丛生的人、那些对他人特别依赖的人、那些非常爱胡思乱想的人，如果他们能够有一两个健康向上的爱好，他们的世界将会发生天翻地覆的变化。

上班、下班、吃饭、睡觉。如果你生活的全部内容不过如此，没有任何兴趣爱好，你难免会感到空虚无聊，甚至有时会找不到生活的意义。如果你很热爱自己的工作还好，但如果你的工作不过是一种求生的手段，那么，这样的日子顶多算是活着而已。你很难期许自己的未来会有什么不同，你不知道除了那份工作以外自己还能够做些什么，你会以为眼前这个目光呆滞、乏味的人就是你，你根本无法全面地认识自己，特别是掩藏在冰山之下的无限潜能。

由于除了工作之外，你没有什么其他重要的事情可做，所以你会发现，你有许多空白的时间需要填补。每天晚上的四五个小时，还有周末大片的无聊时光。为了不让自己感到寂寞，你可能会没完没了地黏着你的另一半，由于你不需要私人空间，所以你也理所当

然地认为别人也不需要，并霸道地去强占另一半的全部闲暇时光。由于你的无所事事，你可能会非常在意一些小事。反正你有的是时间，就难免会将这些时间用来关注身边人的细微变化，或者对一些本来无足轻重的事抱怨个不停。你会变得琐碎不堪，心胸狭窄，怨天尤人。

你没有什么能够给人留下深刻的印象。没有过多的身份标签可以显露出来，当和朋友们一起聊天的时候，因为对许多事情都不了解，你可能会经常感到插不上话，你更不可能主动去开启一个话题，因为你没有那样的知识、视野作为支撑。

爱好是巨大的正面能量源，之所以会这么说，是因为爱好不仅是一件你喜欢做的事，或者是你的一技之长，更重要的是，它还会影响到你生活的多个层面，全方位地改变你的生活。

如果你有一两个健康的爱好，你就会变得不再害怕孤独、害怕独处的时光。更有可能的是，你的时间总是显得不够用。如果你的爱好是弹吉他，你就需要大量的时间去学习、去练习，你还会需要一些时间去挑选设备，或者去一些社团进行表演。由于爱好使得你的生活忙碌了起来，你就不会再那么依赖他人，不会非揪着某个人不放，让他陪伴着你。你会渐渐了解私人空间和时间的重要性，有时希望不被任何人打扰的那种心情。你也不会总是把一些小事看得过分重要，特别在意别人无心的一句话，或者无意间的一次伤害，你会变得宽容、大度，因为你过得非常充实，根本腾不出时间来关注那些无足轻重的事。

你也会因此变得更加受人欢迎。当人们聊起你的时候会说：“他的吉他弹得很棒，下次一定要让他表演一下！”或者是：“嘿，听说你在学习德语，我想问问你‘我想你了’用德语怎么说呢？”也可能是：“听说你很爱看电影，最近新上映

的那部片子你一定已经看过了吧？你觉得好看吗？”你会变得有更多的话题可以和别人分享，别人也有更多机会想到你。也许你以前的标签寥寥无几，除了是公司的文职、某个人的妻子或丈夫就再无其他了，但是如果你有许多爱好，你的标签、你的代名词也会变得丰富起来，你还是吉他手、公路赛车爱好者，业余相声演员等。你的人生会因此变得更加多元化，更加立体和有意义。

比以上更为重要的是，你会因此真正地认识你自己，你的心性、气质也会随之发生变化。你的潜能会被爱好所开发，你会变得比以前更加强大，更具能力，也更加自信。为了自己喜欢做的事，你会变得更加懂得坚持，更有毅力。爱好常常会给你带来惊喜，带来快乐，带来不同的生活感受。不同的爱好，还会给你带来不同的人格变化。经常练习瑜伽会让你变得更加宁静和坚韧；经常尝试开发新的菜肴会让你变得更加热爱生活，感知觉也更加灵敏；经常外出摄影将使你更加了解大自然，更懂得欣赏美，人也会变得更加开阔和有内涵。无论你喜欢的是什么，只要它是健康向上的，都会在点滴之间改变着你，这些全部是最为强大的正能量！

既然拥有爱好有这么多的益处，那么如何才能够发现自己的爱好所在呢？其实无外乎两点：一是勇于尝试，对万事万物都保有好奇心，这点我们将在后面的章节中进行更为详细的讨论。如果你什么都不做，也从不思考，是无从发现自己的兴趣所在的。另外一点，就是要善于观察，多观察自己平时容易注意到哪类事物，做什么事情的时候不会感得厌烦，比较有耐心，相信做到这点对于谁来说都不算难事。

一个健康向上的兴趣爱好，能够全方位地调动你的心理活

动——感受力、情绪、意志、动机、思想，并能够提升你的能力和健全你的人格。从某个方面来说，适合你的兴趣爱好是构筑你健康生活的必需品，它能够最大限度地激发出你的正能量。

 给“我向思维”留点时间

当你闲下来的时候，是否会产生一种罪恶感？因为大家都在忙碌，都在不停地旋转。不进则退，在这个时代成为尤为突出的真理。忙得不可开交的时候你心里很烦乱，希望能给自己一些安静的、闲暇的时光，但当你真的在度假了，心里又觉得不踏实，莫名地感到焦虑，总觉得好像忘了什么事，或者总有要大难临头的感觉，这说明你已经不会慢生活了。

人们存有一个认知误区：认为闲就是懒惰，慢就是低效，在这个要求事事都立竿见影的时代，如果这样生活就会被淘汰。这是一种不作为、不上进的表现，这样的人当然也得不到社会的认可。

可慢不全是不好的，快也不是没有副作用。有时我们需要慢下脚步，给人生留白。

留白，在国画和文学作品中非常常见。比如八大山人朱耷画的鱼，只是在一张画纸的正中勾勒数笔，画纸的其余部分大多留白，给欣赏者无数的寻味空间。话剧当中，当演员说完一段较为晦涩的台词之后，也会稍作停顿，给观众去理解消化的空间。许多人喜欢看韩剧，正是因为韩剧的节奏通常不快，有很多留白，能够让观众自己去理解和想象。“此时无声胜有声”，留白并不是什么都没有，而是一种更加深远的存在，给人们时间去整合、去创造。

人的思维分为两种，一种是指向性思维，指的是致力于解决具体问题的思维。比如当你在集中精力思考如何解答一道数学题，或者如何将门上的螺丝拧下来的时候，所产生的就是指向性思维。但人们的思维并不是每时每刻都有这么精确的指向性的，人们还会胡思乱想，还会发呆，会在大脑中像过电影似的没有意识地重复之前发生过的零碎片段，这种不指向外界、不指向具体问题的思维叫做我向思维。你也一定有我向思维，比如在你半夜睡不着觉的时候，坐在公交车上百无聊赖的时候，或者干着活忽然走神儿的时候，多半产生的就是我向思维。如果你和很多人一样，认为我向思维是百无一用的，是浪费时间的，是做事拖沓的表现，那么你就彻头彻尾地错了。

我向思维其实是在潜意识当中帮助你调整、整合内心世界，实际上这个时候你正在消化、吸收和接受发生的那些事情，并给出自己的判断和态度。我向思维是一种更高境界的思维模式，它虽然不指向某一件具体的事情，不能帮助你即刻解决某一个非常具体的问题，但是它在更高程度上凝结着你的思想，让你的思维更加系统。没有我向思维，你就很难得到跨越式的、本质上的精神进步。然而，在某种程度上，我向思维近似于一种“白日梦”，它是发生在潜意识水平上的，你很难去控制它，也就是说你很难拿出一个固定的时间来进行我向思维，它总是在无意间发生的。换句话说，我向思维总是发生在你生活的留白之处，刻意不来。所以，你必须学会慢下来，多给自己的生活留一些空隙，让自己有“白日梦”可以做，不要让所有的思想都停留在具体的事情上，你还需要一些时间来整合那些指向性思维。

快是一种能力，慢同样也是。慢是一种稳健，一种深思熟虑，一种担当，一种处变不惊。不要太过于急功近利，急于求成。现在

的人们最缺乏的就是一种延迟满足的能力。快餐、快递、闪婚、闪离、速成、立等可取，人们缺乏的是对过程的享受，对意志的磨炼，以及耐心的养成。人们都变得太任性、太不习惯等待，太以自我为中心。慢，是对生命的尊重和对生活本旨的虔诚，认真体味发生过的一切，让这些事情不仅在自己的身体上，也在自己的头脑中留下痕迹，只有这样，它们才能真正对你产生意义。

快，有时代表着肤浅、失误、慌乱和浮躁。快，不永远是对的，也不永远是好的。我们有时需要果断，有时也需要沉淀。学会给你的人生留白，学会慢生活，试着给你的我向思维留一点点空间，试着给你的精神世界留一条出路。不要总是狼吞虎咽地去生活，留出一些时间去细细品味你的人生，品味属于你的感觉和情绪，这样你才活得有味道。

向“反事实思维”说不

很多人都喜欢想象事情的另一种结果。

不知你是否留心观察过体育比赛当中为获奖选手领奖的过程。你认为金、银、铜牌的获得者当中，谁是最开心的，谁又是相对最不开心的呢？也许你会和大多数人一样，认为这个问题非常简单，最开心的当然是金牌获得者，相对最不开心的一定是铜牌获得者，他们的开心程度应该和所取得成绩的排序是一致的。但是心理学的研究结果显示，事实却并非如此。不错，感到最开心的确实是金牌获得者，但相比之下感到最不开心的并不是铜牌获得者，而是银牌获得者。因为铜牌获得者会为自己挤进了前三名而感到高兴，银牌获得者却会因为自己太接近于最大的胜利——金牌，而进行“反事实思维”，他们这时候想到的并不是已经取得的银牌成绩，而是差一点就可以取得的金牌成绩。也就是说，他们往往想到的不是“我是银牌获得者”，而是“我不是金牌获得者”。这时他们感到的最强烈的情绪不是兴奋，而是悔恨，悔恨于“如果我表现得再好一点，就能拿到金牌了，就差那么一点点”。

对已经发生的事情进行否定，并想象原本可能出现而实际未出现的结果，这就是心理学上所说的反事实思维。你对此肯定并不陌生，一定也有过这样的经历，为更好的结果没有出现而感到懊恼不

已，特别是当你已经非常接近完美和成功的时候。“如果我再多坚持一下就好了”，“如果我更努力一点就好了”。“如果”，似乎特别容易出现在离成功只有一步之遥的地方，最终的结果是，你越接近幸福反而越会觉得痛苦。考了95分感到心安理得，考了99分反而觉得失落，因为“如果再仔细一点我就得到满分”了。

反事实思维并不是完全不好，它其实是对已经发生的事情的一种反省，适度的反事实思维能够帮助你从中获取经验，以求在下一次的行动中取得更好的成绩。但是，过度的反事实思维却是一种固执，让你忘记已经取得的成绩，远离实实在在的幸福。

事实上，过度的反事实思维已经变质了，它不再是一种良性的总结，而是一种恶性的悔恨，是一种对现实的不予接受，是对永远不会发生的事情的一种幻想。也许你总觉得，就差了那么一点点，可是这一点点往往是最难的，并非像你想象的那样，很轻易就能补足。还拿上面的例子来说，想将成绩从60分提升到80分也许很容易，但要想从99分提升到100分却难上加难。也许你觉得，只要在那道题上不马虎就行了，可也许你真的没在那道题上马虎，却又在另一道题上犯错了。这一分，考验的不是某一道题，而是一个人对所学的知识是否有超群的理解能力，同时又很认真仔细。所以，仅剩的那一点点，其实是最艰难的一段旅程。

况且，“只差一点点”这件事情是无法完全避免的，在生活中，会有一些完美的事，也总会有一些“只差一点点”的事，只不过当事情很完美的时候你不会想到“太好了，它没有只差那么一点点”，但是当事情不够完美的时候，你却会想到“真糟糕，就只差了那么一点点”。人们总是容易忽略掉得到的，而将没有得到的看得格外清晰，所以才会总觉得生活不够完美。

要学会活在当下。不仅要鞭策自己，还要奖赏自己；不仅要努

力争取没有得到的，还要狠命享受已经拥有的；不仅要学会追求，还要学会接受。两者均不可偏废，贵在掌握火候。不让成功的95%释放正能量，而让失败的5%散发出无穷的负能量，无疑是愚蠢的。不要因为它仅仅存在的那一点点缺陷，就否定它的性质和全部意义，更不要以不够完美为由，拒绝接受其实已经不错的生活。

 心灵也会跟着行为走

众所周知，我们的态度会影响、甚至决定我们的行为。从大的方面来说，如果你认为这个社会是邪恶和不公的，人性是本恶的，你就会做出很多愤世嫉俗甚至是仇世的事来。从小的方面来说，如果你很讨厌一个人，你就会对他表现出更多的冷漠和不屑。相反，如果你认为这个社会是美好和公平的，人性是本善的，你就会做出更多的助人行为。如果你很喜欢一个人，你也会对他表现出更多的关爱。态度对行为有如此之大的影响力，那么行为能影响或改变态度吗?

也许你会感到有一点吃惊，实际上，行为是可以改变态度的，这已被科学反复验证。引用一本专业书中的例子：一个人被催眠师催眠了，催眠师要求他当一本书掉到地上的时候脱掉自己的鞋子。十五分钟后一本书掉到了地上，这个人果然脱掉了自己的鞋子。这时催眠师问道："你为什么要脱掉自己的鞋子？""嗯……我感到我的脚很热也很累，"这个人回答道，"这种情况已经有一整天了。"

当然，行为改变态度的事情不仅发生在催眠当中，它每天都在我们身边上演。我的一个朋友一直致力于成为一名歌手，但机会总是阴差阳错，最终他未能如愿。在家人近乎威胁的要求下，他无奈

地去了家人给他安排好的一家国企上班，过上了朝九晚五的日子，工作内容和唱歌已经全无关联。半年后我和他约出来吃饭，我问他还想不想当歌手。他耸耸肩告诉我："我早想通了，当歌手有什么好，那么累还不容易出头，我现在的日子过得挺好，去他的歌手梦吧！"

曾经有一段时间我感到压力非常大。那时候我所在的部门正面临重新整合与定位，大量的工作扑面而来，偏不巧赶上这个时候，家里又出了点儿状况，我自己还有个重要的考试需要准备。一时间，我觉得天旋地转，每天睡觉都会被噩梦惊醒。我感到我的身体状况和精神状况都非常不好，我意识到不能再这样下去，必须调整自己的状态，我决定从我的行为入手。我开始"故作轻松"，无论走到哪里都笑脸迎人，遇到天大的事情，都会微笑着跟自己说："这没什么大不了，一切都会过去。"一段时间后，我果然感觉好多了！我的行为改变了我的态度，我真的发现并且相信，一切并没有那么糟糕，事情并没有我想象中那么复杂，只要我努力，一切问题都可以解决。

每个人都有让自己的态度和行为保持一致的内在倾向，所以，当你很难在第一时间完全改变自己态度的时候，可以先试着改变行为，毕竟，外在的行为相比较于长时间形成的态度而言更容易改变，然后再用行为的改变来带动态度的改变。

比如，如果你还不够自信，就试着做一些自信的行为，树立起自己自信的形象，衣着得体，目光坚定；多试着在他人的面前表达并坚持自己的观点，即使被他人质疑也不退缩；多做一些主动性行为，主动与他人交往，主动要求工作任务等。一段时间以后，你就会惊喜地发现，在这些行为的影响下，你真的变得更加自信了，你变得更欣赏自我，更具有能够将事情做好的信念。

如果你希望自己变得更加宽容，就试着先让自己看起来很宽容吧。当别人发表了与你不同的观点时，无论你是否同意他的看法，都先试着努力听完他的想法。当别人对你的观点嗤之以鼻甚至不够尊重时，无论你心中有多么恼火，都先试着给双方紧张的关系一个缓冲的机会，不要立即发飙。当别人伤害了你，无论你内心是否真的已经原谅，都先试着说声没关系。

让行为做开路先锋，冲在态度的前面，这不是虚伪，而是一种智取，是循序渐进地改变自我的过程。行为的改变，让你有机会体验另一种行为所带来的结果，感受改变带来的益处，享受正确生活态度所带来的正面能量，这能够支持你做出更为长久的改变，从而让你更贴近理想的自我。

关闭抑郁的无底洞

相信你和我一样，常会听到身边的人说："我心情不好，我抑郁了。"

人们的压力越来越大，欲念也越来越多，当压力不堪重负、欲望无法得到完全的满足的时候，人们就容易产生抑郁情绪。在生活中，人们容易将抑郁和抑郁症混为一谈，我们必须将两者明确地区分开：抑郁是一种情绪，而抑郁症则是一种精神疾病。并不是一个人感到抑郁就是得了抑郁症，是否得了抑郁症，还要看个体的主要症状、症状的持续时间和严重程度。大部分人是不具备这种诊断能力的，如果真怀疑自己或身边的人患了抑郁症，应该去医院请相关的医生进行诊断。我们要在这里讨论的，是抑郁这种情绪。

抑郁，是一种忧愤烦闷、对人生感到无奈和无助的情绪。抑郁的人总是对什么事都提不起兴趣，对于未来又总是感到忧心忡忡。社会的支持可以减轻人们的压力和不良情绪，所以，抑郁的人也许比谁都更需要朋友。但可惜的是，越是抑郁的人越容易丧失友谊，这又让他们变得更加抑郁。

这不难理解，人们都喜欢快乐和幽默的人，因为会不自觉地被其感染，使自己的生活变得更美好。同样，人们也会尽量疏远那些抑郁的人，谁也不愿意在心情好的时候面对一张哭丧的脸来破坏心

情，更不愿意在自己心情已经够糟的时候去面对一张比自己还苦闷的面孔。

虽然如此，人们还是可能为友谊做出牺牲，即使不那么愿意和抑郁的人待在一起，但如果对方是你的朋友，也许结局就会不一样了。想想看，当你的朋友跑来告诉你他很郁闷，心情不好，想要向你倾诉的时候，你也许并不会拒绝，而会很认真地听他诉说。可如果事情已经被他颠过来倒过去地说了很多次，你能出的主意都出了，能安慰他的话都说了，对方还是像祥林嫂一样说自己很郁闷的时候，你就会有点儿想离他远去了。抑郁的人容易丧失友谊的一个原因，就是因为他们通常有一种令人抓狂的特质：他们总是希望寻求他人的帮助和安慰，而当别人真的用积极的语言来安慰和鼓励他们的时候，他们又觉得那只是安慰，因为他们总是容易看到事情的阴暗面。当人们诉说好的一面时，他们认为那不会是真的，只是用来糊弄安慰他们的虚言假语。抑郁的人很难想得开，他们所要的并不是解决问题的方法，消极的自我认知和对未来的悲观态度，使得他们很难相信那些安慰的话、接受积极的解决问题的方法，这一点会让他们的朋友感到头痛不已。

同时，深陷在抑郁中的人通常缺乏与他人交往的意愿和能力。抑郁的人丧失了对事物的兴趣，他们也不会那么在意与人交往的法则。他们的反应速度和语速都变得迟缓，同时较少与他人做眼神交流，也不太会对他人的言论表示出兴趣，更多的时候只关心自己想说的话题，想必这样自说自话的沟通者是很难受人们欢迎的。

这个最需要帮助的群体，却最难获得他人的友谊。抑郁和友谊的因果关系是双向的，抑郁的人不容易获得友谊，没有朋友又使得他们更加容易抑郁，这就是抑郁情绪的恶性循环，一个黑暗的深度泥沼。

如何才能关闭掉抑郁的无底洞？最好的办法当然是压根就不开启它，尽量让自己不要陷入到抑郁情绪当中去。当你遇到烦心事的时候，将精力集中在如何解决它，而不是体验它带给你的消极情感。当事情确实无法解决时，就想办法接受它，让自己高兴起来，对，让自己变得高兴是一种非常重要的能力。比如去做自己喜欢的事，或者足足地睡上一觉，把不良情绪都发泄出来，而不是堆积在心里。

如果你真的已经进入了抑郁的恶性循环，就要找到突破口冲出重围。最好的办法就是真的听进去朋友的安慰和建议。也许你已经注意到了，当你感到抑郁的时候，你通常并没有真的接受他人的建议，而是深陷在自己的情绪当中难以自拔。一边喊着真是郁闷，一方面并没有采取任何行动改变现状。接受朋友的建议，或者让他们的爱和宽慰给予你力量，一门心思想着的应该是“我要努力远离这种郁闷的状态”，而不是“我真的很郁闷”。

何时都不要失去“要让自己过得更好”的信念，只有真心想要快乐并且为之不断付出努力的人，才有可能获得纯正而持久的快乐。

害羞会让你丢了所有可能

即使在目前越来越开放的环境下，内向与害羞的人也不在少数。无论在哪个群体里，你都不难遇见几个非常害羞又少言寡语的人。如果有机会和他们深入交往，你会发现，那些表面看起来腼腆内向的人，一旦混熟了，也会露出活泼开朗的一面，他们只是不会应对陌生人。但关键的问题在于，他们比其他人少了很多将陌生人变为朋友的机会——他们的害羞把未来的朋友挡在了生活的大门外。

害羞的人总是担心别人不喜欢自己。在与人交往的初期，他们就在衡量自己的各种举动是否适宜，并在整个过程中绞尽脑汁想象对方头脑中正在闪现的对自己的不利评价。由于他们只顾着想“我刚才那句话说得合适吗”、“他是不是看不起我”、“他是不是觉得我很难看”、“天啊，我的脸肯定红得像个苹果”、“他们一定看出我非常紧张了”这类问题，所以根本无法完全投入到真正的话题当中去。

他们之所以如此担心别人不喜欢自己，原因之一正是因为非常看重别人是否喜欢自己。他们的自我评价和心情的好坏，在很大程度上取决于别人的评价，这导致他们对来自于他人的评价信号非常敏感。害羞的人可能会花一天的时间去反复思量自己在会议中的发

言，或者用一个星期的时间去思忖领导所说的某一句话的含义。他们义无反顾地跳进自己给自己挖的宇宙黑洞，并在其中辗转反侧。

他们担心别人不喜欢自己的另外一个原因是不够自信。在与人交往的过程中，他们总善于看到自己的缺点和别人的优点，并且不由自主地将其进行比较。也许在整个讲话的过程中，他们的目标不是如何让自己做到最棒，而是如何让自己不丢脸，但就是由于分了太多的精力去考虑如何才能不丢脸，才导致最终的结果可能确实很丢脸。

继续深入来看，害羞的人不自信的一个重要原因，是他们觉得自己的社交能力很差。确实，有时由于长期避免社交场合，以至于对社交感到生疏和不习惯，他们的社交能力没能得到长足的发展，但关键问题是，他们把自己的能力想象得比实际上的还要差得多。

当然，除此以外还有很多因素会造成人们害羞。比如，对外界和他人缺乏兴趣，不喜欢社交场合，或者从小经历的社交场合较少等。无论原因为何，我们都必须认识到，虽然在极个别的情况下，害羞也能为自己赢得好印象，但因害羞失去的一定比获得的多。社会的分工越来越细化，人脉资源对个人的生活起着越来越重要的作用，很多时候甚至成为决定因素。而过于害羞的人，总是在人群和集体当中尽量掩盖自己，希望不被人注意，好躲过紧张得就要晕厥的痛苦经历。但可悲的是，害羞的人通常难以给人留下好印象。如果说在最初或者不太重要的场合，人们还能原谅害羞者，认为他们只是内向而不善言谈，但是久而久之，人们会给他们贴上种种不利的标签——愚蠢的、不与人为善的、高傲的或特立独行的。而一旦脱离了群体，就很难重返阵地。更重要的是，他们丧失了很多机遇，容易遭到忽视和拒绝，拥有更少的朋友，阅历更加单一化，也更容易体验到漫无边际的孤寂。

那么如何才能让自己从害羞当中走出来呢？首先，不要把自己看得太重要。许多害羞的人都有个“过分的自我”，他们把自己想得比实际情况更引人注意。比如，当一个很害羞的人早晨到达办公室时发现原来自己脸上一直有个脏东西时，心情会顿时变得很糟糕，因为他们会觉得自己一路上肯定丢尽了脸，被无数人嘲笑了。但实际情况是，路上的行人都急匆匆地赶着去上班，根本没有人会特别在意一个陌生人的脸上有什么异物。

其次，要突破心理障碍，建立起对自己的内在评价。一个人如果对自己有一个稳定的、成熟的内在评价，就不会那么容易受到他人评价的影响。另外，多寻找在公开场合讲话的机会，这是突破自我、克服心理障碍非常关键的一步。想要让自己在社交时变得更加自信，不妨多留意身边社交能力较强的人的行为方式，从中吸取适合自己的部分进行反复练习，并在公开场合中进行尝试。所谓的公开场合刚开始可能只是五个人，然后是十几人，再然后是几十人甚至上百人，不要一上来就给自己过大的压力，要有一个循序渐进的过程。

最后，当你每每丧失突破自己的勇气的时候，希望你能记起这句话：试着不害羞至少不会比你害羞时的举动更糟，这么看来，你总没有损失。

扑灭你心中的怒火

我们已经在前面介绍过愤怒，它可以轻而易举地破坏你的个人魅力和人际关系，愤怒会让你显得小肚鸡肠，为了防止被你毫无预警的、突然爆发的愤怒伤害到，大家都会与你保持一定的距离，或者“非常注意说话的分寸”，换句话说，你被你的愤怒所散发出来的负能量孤立了。不仅如此，愤怒还会影响你的身体健康。俗话说，怒伤肝，喜伤心。从病理学角度看，愤怒有可能引发高血压、心脏病、胃溃疡、精神衰弱等疾病。最近公布的一项研究成果更是显示，脾气暴怒的男人不仅容易发生中风，也容易发生猝死。所以，你必须学会控制你的愤怒，下面向你提供一些非常具体而实用的办法。

1.将愤怒转化为运动能量。这样不仅不会伤害到别人和自己，还能让你的行为得到升华。在你感到生气的时候去做一些自己喜欢的运动，比如网球、瑜伽，或者长跑，将你心中的愤怒通过汗水宣泄出来，这样不仅舒缓了情绪，还锻炼了身体，可谓一举两得。精疲力竭后洗一个热水澡，之后上床睡上一觉，醒来后一切就烟消云散了。

2.走到快乐的人群当中去。你以为只有感冒会传染吗？那你就错了。想想看，为什么一个人打哈欠，周围的人也会不由自主

地打起哈欠？彼得·托特德尔将这种现象称作心境联结。不仅笑会传染，愤怒也是一样。如果你总是处在愤怒的人群中，就会发现自己在不知不觉中也变成了一个爱发火的人。想想你的公司里是否有几个总是暴跳如雷的领导？他们的团队是不是也比别的团队更爱发火呢？所以，如果想要抵制愤怒，特别是当你的易感性较强的时候，就要走到快乐的人群当中去，你身边应该有那么几个“开心果”朋友。

3.转移注意力。你有多种感官，当一种感觉令你十分不爽的时候，何不将重心转移到其他事物当中去呢？如果炎热的天气令你烦躁，不妨多看看身边的帅哥美女。如果拥挤的路况令你抓狂，就多听听令你心旷神怡的音乐。不会有什么事情糟糕到让你的所有感官都受罪，你可以试着去调节一下感觉的重点。

4.及时化解每一个小不幸。迟到和早点被打翻之间毫无关系，不要将所有的小麻烦联系在一起，每个麻烦出现的时候，及时找出原因并尽快把它忘掉。如果你固执地将它们联系起来，就会觉得诸多不顺是一种不祥的兆头，预示着倒霉的一天或者糟糕的月份，甚至会将其归结为自己就不是个幸运的人，如果你这样去想，就会发现这些不起眼的小麻烦会持续不断地影响你的情绪和判断，并使你接下来的事情真的变得不顺起来。将它们拆分开来，它们就不再具有威慑力和影响力，只是些不起眼的小问题。

5.减少身边的攻击线索。攻击线索可能会加剧你的愤怒，或者将你的愤怒转化为可怕的悲剧。所见即所思，看到类似于刀具这样的攻击物品可能会使原本就想发火的你更加心烦意乱，或者驱使你立即采取攻击或暴力行为，造成无法挽回的局面。所以如果你本来就是个脾气不够好的人，千万不要在家中、办公室里摆放太多危险物品，更不要随身携带危险品，让刀具、剪刀等危险物品远离你的

视线。

无论如何，你得想尽一切办法扑灭你心中的怒火，不然它会点燃你的心，你的身体，你周围所有良好的关系，将你所拥有的一切付之一炬。战胜愤怒最好的方法，就是变得比它更强大，熄灭它所有嚣张的火焰。

自制力是自我与外界的最佳平衡

人的最高境界是自制，而不是索取。

人们已经太习惯去获得：疯狂地占有生产资料，争夺资源，获取财富。在这个竞争激烈又浮躁震荡的世界，人们通常认为有理就在于声高，获得和占有是胜利的唯一标志；在这个瞬息万变又深度缺乏安全感的世界，人们都太过于放纵自己，毫不收敛欲望，张开嘴就想吃掉整个世界。

在自制方面，我有些故事可以拿来分享。有一段时间，为了锻炼身体，也为了提升自己的气场，我决定开始每天练习瑜伽，这并非易事。我的工作并不轻松，业余时间还要拿来念书和写作，想要在这之外每天再挤出一两个小时的时间练习瑜伽，确实需要克制自己的惰性。在和朋友聚会的时候，我有时难免露出倦容，朋友便会说："你说你这是图什么呢，这么热的天气，我坐着不动都会出汗，你还跑去做瑜伽！真是自己给自己找罪受！"

有一个叫王楠的男人，总是温文尔雅。他的主要工作是处理客户投诉，做这样的工作压力很大，但我很少见他动怒。有一次我忍不住问他："你的脾气和修养怎么那么好，有时候我都替你气不过，有些人明摆着就是来找茬的，你怎么都不生气呢？"我继续打趣道："难道是因为你比常人少长了一根叫做生气的神经吗？"

他却笑着回答我："我一个大男人，怎么会没有气？但是人要学会克制自己的情绪，这是种美德，是对别人的尊重，更是对自己的尊重。"

我的妹妹曾经娇小玲珑、人见人爱，但上班以后因为缺乏锻炼，人就像吹了气儿一样一下子胖了起来。肥胖给她带来了一些困扰，比如比以前容易生病，喜欢的衣服只能看看，因为根本穿不下。我有时就会劝她，应该适当地减减肥，她却总是懒懒地回应我："算了吧，减什么肥啊，多痛苦啊，我都有男朋友了，再说世界末日都要来了，还有什么必要减肥啊？"

由此可见，自制并非易事，只有那些热爱生活、持有理想、对自己有所要求的人，才会想要自制，才能够做到自制。

自制力，是控制自己的贪念、私心和惰性的能力。

自制，就是克制对这个世界的无度索取。人们想要的太多了，没有的时候希望拥有，拥有之后即刻就嫌不够，希望能够拥有更多，所以很少会感到快乐。人们从不给自己的欲念设限，永不满足，贪婪成性。

自制，就是克制贪图一时之快。每天吃完饭就窝在沙发里看电视，一时是舒服了，但长期把时间浪费在消遣上，就很难获得长足的进步。看到好吃的食物就毫无节制地吃，嘴巴一时舒服了，却让身体越来越肥胖，侵害外在的美丽和内在的健康。

自制，就是克制对自己的放任自流。过度地放纵自己是超我的丧失。著名的精神分析学家弗洛伊德将人格分为三部分：本我、自我和超我。本我是人格中最原始的部分，由与生俱来的冲动、欲望和能量构成，它遵循快乐原则，追求即时的满足感。超我代表良心、社会准则和自我理想，遵循完美原则。而自我则基于现实的一面，调节着本我冲动和超我需求之间的矛盾，遵循现

实原则。当三者达到一种平衡状态的时候，人的精神状态最佳。如果一个人对自己放任自流，毫不克制，就说明他的本我已经远远胜过超我，每天在做的不是应该做和值得做的事，而只是无须耗费气力的享乐之事。

自制，就是懂得放下。有些想要的，其实不该要。还有些想要的，其实得不到。这个时候，就要懂得克制自己的欲念和情绪，放下应该放下的东西，只身前行，去寻求更好的和更适合自己的。如果不懂得放下，就会让自己变得日益偏执，留在过去，和全世界对立，和自己对立，最后弄得自己身心俱疲，左右皆空。

说到底，自制是自己与外界能量的一种高度平衡，是一种和谐、融洽、圆融的状态。人，不可能永远生活在舒适区，难免要为了更大的成功而暂时离开舒适的环境，逼迫自己付出努力。人，也不可能永远不顾他人的感受，只顾及自己的私心，总要学会顾念他人，尊重环境，有所割舍与放弃。自制，是一种智慧，乍看之下是疼痛，是委屈，是失去。长远看去，便会发现它是一种幸福，一种彻底的放松，一种以退为进的获得。

知人者智，自知者明

老子曰：知人者智，自知者明。胜人者有力，自胜者强。了解别人是种智慧，而了解自己才是圣明，人贵在有自知之明。世界万物，藏有太多奥秘，人们从来没有放弃过对世界万物的探索，但实际上，在这个世界上，人们最难了解的是人类自己，而我们每个人最难看清的也正是我们自己。

自知，听起来很容易，很多人都觉得自己已经做到了，但实际上并非如此。我们犯下的许多错误，正是源于不够了解自己，或者不愿接受真实的自己，不肯正视自己。

心理学当中有一个概念，叫做自我服务偏差，指的是当人们分析一件事情的原因时，总是会倾向于偏袒自己。如果成功了，就归功于自己的努力和才华，但同样一件事情如果失败了，就将其归结于外界的不良环境或者运气太差。这个概念与我们每个人都息息相关，因为大多数人都或多或少地存在这个问题，即不能客观公正地归因和认识自我。一次成功当中到底有多少是源于自己的努力和付出、天赋和能力，又有多少只是源于天公作美、时机来得恰到好处？失败当中到底有多少是源于环境恶劣、小人当道、生不逢时，又有多少其实是源于自己的判断失误或能力有限？我们有时太善于安慰自己、宠溺自己，不愿意接受和面对真

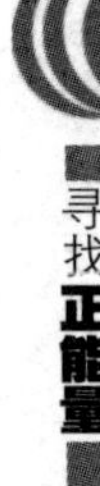

正的自己。在一次次的骄纵之后，我们终于彻底迷失了自己，活在一个假想的自我之中。

无论是自不量力，还是过分自卑，只要是对自我的认知和真实的自己不相符，都会酿成悲剧，因为你没有办法给自己一个相匹配的生活。给自己定下过高的目标，或者不敢去追寻在自己掌控范围之内的梦想，都是一种失败。举一个不算恰当的例子，精神病患者之所以不好治疗，原因之一就是因为精神病患者缺乏自知力。他们不能正确、完整地判断自己的身体状况和精神状况，不知道也不承认自己已经患病，更别提去积极地配合医生的治疗了。自知能够助你将自己推向恰到好处的高峰。做力所能及之事，既不浪费资源，也不过分夸大自我，这是让自己成为最好的自己的重要条件之一。

对自己有一个正确的判断，能够帮助你发挥出最大的潜能，事半功倍，并且更加受人欢迎。没有人喜欢没有自知之明的人，更没有人喜欢总是做与自己的实际能力不相称的事情的人。有很多方法可以帮助你更好地认识自己。最直接的方法就是定期做自我总结。我有一个朋友，他每个月都会更新自己的简历，将自己在这一个月之间发生的变化和取得的进步都体现在更新的简历当中。每到年底，他会把十二份简历都打印出来，一份一份地看，自己的进步跃然纸上。

还有一些比较系统的认知自我的方法，SWOT分析法就是其中一种。“SWOT”是四个英文词语的首字母，S代表自己的优势，W代表自己的弱势，O代表环境之中的机会，T代表环境之中的威胁，定期分析自己的优势与劣势，机会与威胁，不仅能够帮助你更加全面地认识自我，还能够让你认清自己在大环境当中的相对位置，帮助你制订目标和合理地修改目标。

橱窗分析法是认知自我的另一种常用方法，它用“自己知不知道”和“别人知不知道”两个维度将一个人划分为四个部分，也可以称之为四个橱窗。第一个橱窗中是公开我，指的是自己知道、别人也知道的那部分自我，属于个人展现在外、无所隐藏的部分；第二个橱窗中是隐私我，指的是自己知道而别人不知道的部分；第三个橱窗中是潜在我，指的是自己和别人都不知道的部分；最后一个橱窗中是背脊我，指的是别人知道而自己却不知道的那一部分，就如同一个人的背部，别人能够看得一清二楚，自己却怎么也看不到。

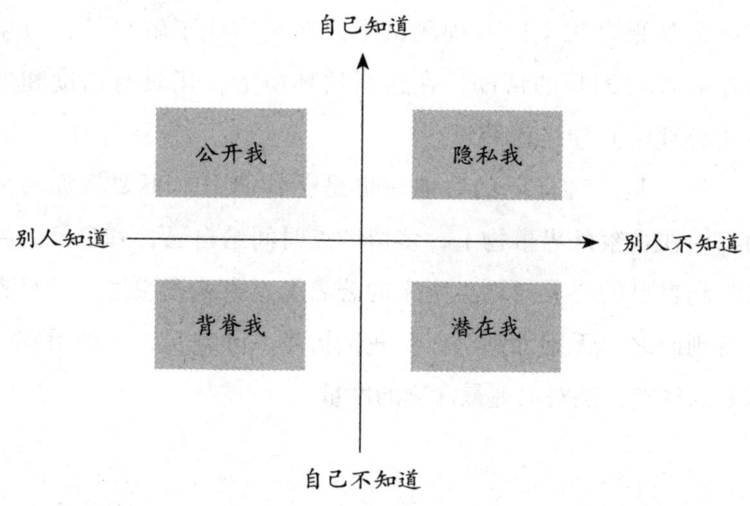

橱窗分析法

我们会感到陌生的是自己的背脊我和潜在我，如果想完整而客观地了解自己，就必须突破这两个盲点。想要探索背脊我，就需要你多去询问别人对你的认识和评价，问问在他们眼中的你是怎样的，或者把你对自己的评价告诉他们，看看与他们的认知是否相符。这听起来简单，其实具有一定的难度，因为你必须足够

坦诚和真诚，别人才会愿意将对你的真实评价告诉你，特别是不够完美的那一部分。另一方面，也需你的内心足够强大，能够去承受别人对你的看法和自己的缺点。关于潜能我部分，需要你多去尝试新鲜事物，平时对自己多加观察，多分析自己对事情的反应和行为方式，因为这里通常隐藏着你潜意识当中的思想，你能够从这些细枝末节中看到另一个自己。当然，你也可以借助一些专业的工具来深度认知自我，目前有许多非常成熟的心理测试能够帮助到你，包括智力测试、人格测试和职业倾向测试等。但需要提醒你的是，不要轻易去相信网络上流传的那些趣味心理测试的结果，如果真想借助心理测试全面而真实地了解自己，应当寻求专业心理咨询师的帮助，在适当的环境下，用具有信度和效度的专业心理学问卷进行测试。

自省，是一种良好的习惯，也是一种能力。不要将你的全部精力都用在观察外界事物上，多留一点时间给自己，和自己的身体对话，和自己的心灵对话。南宋的著名思想家朱熹说过，“日省其身，有则改之，无则加勉”。自我剖析是一种诚实，一种勇气，一种求真的气魄，是对灵魂最深刻的度量。

无论你是谁，请悦纳自己

全面而客观地了解自己，只是前奏。当你完全揭开了自己的面纱，让最真实的你裸露在自己面前的时候，你能够接受这个人吗?你喜欢这个人吗?

比认识自己更难的，是悦纳自己。

不是每个人都喜欢自己，更不是每个人在每个时刻都能够全盘接受自己。自卑者不能，他们看不起自己，嫌弃自己，否定自己，在很多时刻真心希望自己能够不是自己，而是别人。自负者也不能，因为他们喜欢的根本不是真实的自己，而是自己虚构出来的一个人物，从某种角度来说，他们根本就没做到第一步——认识真实的自己。

悦纳自我是一种高级状态，是一种真实我和理想我相结合、物质与精神高度统一的状态。很多人对悦纳自我的理解存有误区，以为悦纳自我就是特别喜欢自己，宠爱自己，觉得自己没有缺点，什么都是好的，什么都是对的。我认识一个人，他和他老婆的婚姻几乎走到了尽头，原因是他老婆从不愿意做出任何改变，只要他一指出他老婆的缺点，要求她改正，他老婆就会说："我就这样了，就算你觉得我不好，我也没有办法，因为这就是最真实的我。如果你不喜欢我做这样的事，说这样的话，就说明你爱的不是真正的我。

那是你的错，而不是我的。如果你能够接受就接受，不能够接受我们就分手！”这不是悦纳自我，而是对自己的过分骄纵，是盲目的乐观和自信。悦纳自我指的是能够正确且全面地认识自己，包括自己的优点和缺陷，对自己的每一寸肌肤、每一个特质都不回避，敢于正视，并在此基础上，愿意去承认、接受和拥抱自己。但并不是觉得自己的缺点也是好的，或者认为自己根本就没有需要改进之处，而是在承认和接受自己的基础上，努力成为更好的自己。人本主义心理学当中有一个非常重要的概念，叫做无条件的积极关注，通常用在心理咨询师与来访者之间，是指无论来访者的品质、情感和行为怎么样，咨询师都对来访者表示无条件的接纳，给予无条件的温暖，使来访者觉得自己是一个有价值的人。我认为这个概念用在我们每个人身上也同样适合。无条件的积极关注自己，接纳自己，爱自己，并不意味着对自己的错误和缺点熟视无睹。就像一位称职的母亲，无论她的孩子是什么样子，她都会全身心地、毫无保留地去爱他，但并不表示就会去纵容孩子的一切缺点和错误，她还是会去批评他，指导他，对他严加管教。

悦纳自我，是对自己的一种凝视，饱含全部的深情和理智。凝视，是指目光坚定，由表及里，不错过内心的任何一个角落。深情，是指对自己永不放弃，无论自己有多么不完美，犯下多么严重的错误，都不会弃自己于不顾。理智，是指永不娇宠自己，不放纵自己，不放松对自己的要求，不违背给自己设定的原则。

想要做到悦纳自我，没有太多实用性的行为方法，全在于调整自己的价值观念。首先，要敢于接受自己的缺点。我们必须接受一个真理：人无完人。没有人能够不犯错，更不存在没有缺陷的人。所以，不要逃避自己的不足，不要不承认自己的缺点，或者认为自己的缺点是与生俱来的，是不可改变的。另一方面，要学会肯定自

我。当自己取得进步、获得成功的时候，与他人分享你的喜悦，给自己鼓励，在自己的成绩单上记录一笔，不要过分克制自己的快乐，让它绽放，感染你的生活。最后，如果想要悦纳自己，就势必要热爱生活，接受这个世界，喜欢与他人为伴。我们很难想象一个愤世嫉俗的、厌世的、对家人和伙伴过分挑剔的人能够悦纳自我。只有喜爱生活，才会去喜爱正在努力生活的自己。

判断一个人的心理是否健康的标准之一，就是看他是否能够悦纳自己。一个无法接纳自己的人，会一直和自己抗争，做任何事都会很拧巴、很纠结。而一个悦纳自我的人，能够散发出大量的正能量，这些能量会让他变得轻盈，快乐，积极。对自己真心的喜欢，对生命真诚的热爱，会让他内心平和，无论外界有多少纷纷扰扰，他的内心都将是风调雨顺。

兑现最棒的自己

你是谁?

如果有人向你提出这个问题，你会如何回答呢?这个世界上至少存在两个你：一个是现在的你，一个你已经演绎、呈现出来的自己；而另一个是你能够成为的你，是上帝设计你时的那张图纸，是当你将自己全部的潜力都发挥出来时所成为的样子，那个等待你去实现和完成的自己。

自我实现能够带给你一种酣畅淋漓的、难以言喻的体验，这是一种最真实的存在感，和一种最扎实的心理幸福感。

心理学家沃特曼认为幸福感是人们与真实的自我的协调一致。当人们付出全部努力去生活，实现了自己的种种潜能的时候，会产生出一种状态，沃特曼称这种状态为“个人表现”。简单说，个人表现就是自我的潜能得到了极致的发挥，自我的全部内容得到了淋漓尽致的表达，个人体验到一种前所未有的、与外界完全融入的愉悦感。

这种个人表现很具深度，其中饱含着智慧、天赋和无穷的努力。它比认识自我、悦纳自我更加困难，但也更具正能量。认识自我是前奏，悦纳自我是储备，实现自我才是真正的爆发，才是终极目标，才是一个人能够达到的最高境界。

这种个人表现的体验较为复杂，其中夹杂着许多种美妙的感觉，首先就是不同寻常的对事情的“投入感”。当你全身心地投入到一件事情当中时，会忘记自己的存在，失去时间的概念，一秒钟和一个世纪在这一刻已经没有分别。你的每一种感觉，以及全部的意识都集中在这一件事情上，再不会为其他事情分心，即使在你身边产生强烈的震动，或者发出巨大的声响，你也会毫无察觉。这时的你会高度兴奋，似乎整个人都轻盈了起来，有一种飘飘欲仙的感觉。你所全情投入的这件事情，就好像一杯醇厚的红酒，给了你适度的酒精，让你进入一种最为美妙的境遇。

此外，你还会感觉与某种行为有种特别的“适合感”。当一个人特别热爱自己的工作或者某一件事情的时候，他会发出这样由衷的感叹：“有时候我觉得我就是为这件事而生的，上天让我存在就是为了让我做这件事！”例如，一个人非常热爱音乐，他有时候就会觉得他就是音乐，音乐就是他，他和音乐只不过是一种事物的两种存在形式罢了，两者之间异乎寻常的贴合。甚至，他会认为那些音乐都是有生命的，是和自己心心相印的。即使他平日里看起来是一个非常普通甚至稍显笨拙的人，但只要他一碰触到音乐，整个人就像被激活了一样，立刻散发出一种夺目的光芒，显得非常有魅力，非常有味道。

个人表现这种高级状态，还会让你有一种强烈的“活跃感”。你会感到你的生命是动态的，活泼的，永无止境的，你会充满热情与活力，勇于不断实现与超越。个人表现包含着一种奋力生活的愿望，这是一种最为朴素的愿望，和与他人的竞争、名利的实现都没有关联，只与自己喜欢的事有关，完全出自于一种热爱，和自己不断破茧而出的快感。

它还会带给你一种“实现感”。当你特别专注于一件事情，

你的灵感被全部激发、你的快乐被全部点燃的时候，你会觉得这就是人生的意义，同时会真实地感受到自己的存在。一个人如果不去全力以赴地实现自我，即使他什么也不缺，也难免会感到空虚、无聊，觉得生活没有意义，自己和别人毫无区别。这正是因为缺少一种存在感，找不到一个重要的点来证明自己、突破自己。

自我实现，是一种非常奇妙的体验，它也是人类能够达到的最巅峰的一种状态。它之所以如此至高无上，正是因为它不易达成，并非所有的人都能够完全地实现自我，它是属于少数人的稀有体验。想要实现自我，首先就要做到能够全面地认识自我，找到自己适合做、也喜欢做的事，也就是找到自己的潜能与天赋所在。在此之后，就要朝着实现自我的目标不断前进，这其中势必需要你付出相当艰辛的努力，需要你更多地关注自己的心灵世界，关注自己的每一次改变和进步。你还要抛开杂念，心无旁骛，不被世俗之事所感染，与你所热爱的事情真正合为一体，不分彼此。

何为完美？完美不是没有缺憾，不是第一名，而是将你的状态调整到最佳水平，让你的全部潜力都得以发挥，将事情做到你能够做到的最好程度，与此同时，你沉浸其中，享受这种自我实现的快感，这便是完美。

第四章

集结外在正能量

【本章导读】

- 换双眼睛看世界
- 给它贴个新标签
- 别把好奇心弄丢了
- 走进异质类人群
- 向难题漂亮地挥拳
- 识破假想的压力
- 向大自然要点儿正能量

换双眼睛看世界

正面事件与正能量紧紧相连，如果想获取正能量，多关注正面事件是最直接的一种方法。

不错，这个世界绝对不是单纯到只有好事发生。实际上，不好的事情每天都在上演，天灾人祸，人性的丑陋与社会的不公，就算你不去刻意关注，这些恶性事件都会在不经意间闯进你的世界，灌入你的脑中。但是，我们不能因为坏事的存在，就否定好事的意义，更不能以偏概全、过于鲁莽地给这个世界定性。要学会关注正面事件，并从中吸取能量，吸取希望，并转化为自己不断地去做好事的动力。

正面事件一定会带给人们正能量、负面事件一定会带给人们负能量吗？绝大部分人在绝大部分时候是这样的，但也有例外，这个例外就是看人们如何去理解和接收正面事件和负面事件。在一般情况下，当人们身上发生了好事，或者关注到了正面事件，就会对生活产生正面评价，并随之产生良性的情绪，比如感动、快乐、希望等，这些情绪又会促使人们去做积极而正面的事。但这是建立在对正面事件有正确且客观的认识之上的。如果一个人无限度地扩大正面事件的作用，甚至因为正面事件的出现而否定所有的危险和隐患，那么就是一种盲目的乐观，一种缺乏理性基础的认知，反而

会对其产生威胁。负面事件也是一样，通常来讲，当人们遭遇或者听闻到负面事件的时候，就容易对这个世界产生负面的认知，还会感到无奈、失望和气愤，负面能量也会随之而来。但如果一个人身上本来已经具有很强的正能量，对生活充满希望，又非常具有执行力，那么他可能会想尽办法去解决这个负面事件，或者想办法让负面事件不再发生，在这种情况下，负面事件反而给了他行动的动力，激起了他战胜困难的欲望或是对社会的责任感，那么激发出来的反而会是一种积极的能量。相反，如果一个人遇到负面事件后就只是一味地生气、抱怨甚至因此降低了对自己的评价，对生活产生消极的念头，那么，负面事件就会产生出巨大的负能量。所以，虽然在一般情况下，正面事件会产生出正能量，但如果过于片面地看待它，就有可能使精神松懈，将好事变为坏事。虽然负面事件会产生出负能量，但如果自身的能量足够强大，相信自己有能力控制自己的生活，坏事也可能变为好事。这其中有一点必须非常明确，努力关注正面事件，不是为了逃避生活中的不如意，更不是为了否认坏事的存在，而是为了吸收并激发出正能量，从而为这个世界的积极变化作出贡献，也让自己生活得更好。

那么，如何才能更多地关注到正面事件呢？曾经在一次同学聚会上，我们聊起了微博。一个同学说："现在微博上传播的全是一些不好的事情，看得我每天心情都糟透了！"而另一个同学却说："不会啊，我在微博上看到的都是一些感人的好事，或者是一些好玩的事情，我每次刷微博的时候都感到特别开心！"为什么同样是玩微博，两个人的感受却相差甚远呢？原因很简单，他们关注的人不一样。所以，若想让自己能够关注到正面事件，首先就要多和具有正能量的人在一起，有时你的视野取决于你的人际圈子。

其次要学会在好事上多做停留。孕妇会觉得总能在大街上看到

很多怀孕的人，而非孕妇或者对要宝宝不感兴趣的人就会觉得在街上碰不到什么孕妇，这就是孕妇效应，即由于你过多地关注某个偶然因素而让你觉得它是个普遍现象。如果你的心中充满怨念，认定这个世界是邪恶的，是有失公平的，你就会特别容易关注到负面事件，并将它无限扩大，即使遇到正面事件也会被你忽视甚至是有意回避，或者找一些理由和借口把这些正面事件说成一种假象，是非常偶然的存在。所以，如果希望自己能够关注到正面事件，就要有一个良好而宽容的心态，不要在心中先有了一个既定的刻板印象。当遇到正面事件的时候，要多去关注它，让自己的意识和思想多在此事上停留，好好享受正面事件带给你的好心情，最好还能与他人分享这件好事。

我们都生活在同一个世界里，但你去问十个人，这十个人会给你描述出十个完全不同的世界。所以，当你对这个世界感到厌恶或者厌倦的时候，不妨试着换双眼睛看世界。

给它贴个新标签

前面我们已经提到过，要多关注好事。那么到底什么是好事、什么是坏事呢？你能够分辨清楚吗？老师对你的要求极其严格，是坏事吗？一直对你非常冷漠的同事，忽然变得很关心你，是好事吗？和相恋多年的男友分手，是坏事吗？

在心理学当中有个非常著名的“认知ABC理论”，其核心观点就是一个人的情绪和行为不是由某一诱发性事件本身所引起的，而是由经历了这一事件的个体对这一事件的解释和评价所引起的。也就是说，一件事到底是会令你快乐还是会令你伤心，并不完全取决于事件本身，还取决于你对这个事件的看法。

我一个朋友的母亲在被癌症折磨了两年后去世，我以为他会很伤心，但是当我见到他时，他却显得非常平静，他告诉我：“母亲生命里的最后两年过得非常痛苦，也非常辛苦。母亲曾经告诉我，这样的生命除了疼痛不再有其他任何内容，她不选择离开，只是因为怕我们做儿女的伤心，母亲直到生命的最后还在为我们着想，如果母亲去到天堂能更舒服一些，我也会感到很欣慰。”

有一次，我去一个朋友家做客，正聊到一半，她上小学四年级的儿子放学回来了，手里拿着一份考卷，上面的分数明显被孩子用红圆珠笔修改过，孩子用怯怯的眼神看着他母亲，让她签字。

我以为我的朋友肯定会因为孩子的欺骗行为而发怒，但是她却没有，只是让孩子先进屋玩儿，说一会儿要跟他聊聊。我感到很诧异，等孩子走后我问我的朋友："难道你看不出来那个分数是修改过的吗？"我的朋友笑着说："我怎么可能看不出来。"我就更惊讶了，追问道："你的孩子欺骗了你，你难道不生气吗？"朋友笑着跟我说："孩子的欺骗行为确实不好，这点我必须和他深谈，但从另外一个角度来看，他修改了分数，说明他已经有了羞耻心，知道得低分是不好的，得高分才是值得骄傲的，他对分数还是很在意的，这么看来，他修改分数这件事也不完全是件坏事。"

前段时间，和我关系比较要好的一个同事被晋升为市场部经理，我听到这个消息后非常为他高兴，便在第一时间跑去向他祝贺了，他却哭丧着一张脸，全无欣喜之意。我很疑惑地问他："你高升了难道不感到高兴吗？"他摇了摇头对我说道："有什么可高兴的呀，你以为这个市场部经理是好干的呀，每年我得背多少任务额啊，每天都像走在钢丝上一样，分分钟都有完不成任务、被炒鱿鱼的危险，这种压力真是太大了，想想都觉得可怕！我倒宁愿像以前那样，就负责我自己那点儿事儿，不用操这么多的心！"我以为的大好事，他却认为是件坏事。我以为的前进的动力，在他看来却是难以消化的压力。

我们能够从这个理论当中学到最多的是，事情有时并不带有明显的好坏属性，关键在于你如何解释它、认识它。如果你足够乐观和积极，即使遭遇灾难和困难也仍然可以看到希望，看到事情有益的一面。如果你总是消极和悲观，那么就算遇到再好的事情，你也只会关注到它令你不安和恼火的一面。所有的坏事都不会是纯粹的坏事，要学会给事物重新贴标签，发现所有事情积极的一面。

尽量养成这种习惯：无论遇到什么事情，先去分析它能够带给你什么，能够让你学到什么，先给它贴上几个积极向上的好标签。慢慢地，你就会形成一种正向的思维模式，这种思维模式将会催你上进，不畏艰难，让你时刻充满正能量！

别把好奇心弄丢了

当你去外面的餐厅用餐时，是有一个“固定”的菜单，每次都点那几道菜呢，还是每次都想尝试新的菜肴？

当网络上又蹦出一个新鲜词汇，你是会迫不及待地去了解和查询呢，还是会皱着眉头说这很无聊？

当你去KTV唱歌的时候，是每次都唱那几首呢，还是会尝试着唱一些新鲜出炉的歌曲？

总之，当一样新生事物出现的时候，你是会感到好奇而倾向于去接受和了解它呢，还是会感到恐惧而倾向于去否定和拒绝它？

我第一次了解微博是在一个朋友的生日聚会上。那个时候微博还是个新生事物，并不像现在这样普及。一个已经在玩儿的朋友向我们介绍和推荐微博，讲述它的乐趣所在。一些人听后非常感兴趣，当时就摩拳擦掌跃跃欲试，脸上写满了兴奋。也有一些人感到索然无味，摆着手说：“那有什么意思啊？再说我每天的生活都差不多，有什么可写的呢？没劲！有那时间还不如看会儿电视呢。”其实，大家对微博都不了解，都只是听朋友简单介绍了两句，但是做出的反应却截然不同。

不可否认，也许这些人之中就是有些人对微博这种互动模式比较感兴趣，而另外一些人则觉得很无聊。但是，我们还是能够通过

这件事情看到一种普遍现象，有的人喜欢探索未知的世界，有的人喜欢墨守成规。

喜欢探索未知的人，是对生活饱含热情的，他们对所有的新鲜事物都存有好奇心。他们觉得生活的乐趣就在于不断尝试和推陈出新，看没有看过的风景，吃没有吃过的美食，做没有做过的事情。在他们还没有亲自体验、尝试过之前不会轻易否定一件事情，一定要亲自上阵之后才会判断自己是否喜欢它。当遇到不明白或者没见过的事情，他们总想知道问题的答案，寻求答案的过程也会令他们感到开心。而因循守旧的人，则总是希望能够留在安全的领地，活在自己的小世界里，让一切都处在一种静态的平衡之中。现在已经习惯的一切事物，一样也不要少，更为重要的，自己不习惯的东西，一样也不要闯入。从某种程度上讲，他们把自己封闭起来了，对新鲜事物感到的不是好奇，不是有趣，而是恐惧，他们不愿意去尝试，因为那意味着挑战，意味着冒险。好端端的，何必要走出自己的舒适区和安全区，用一些不着边际的东西来威胁自己目前的生活呢？

这是两种截然不同的生活态度，也由此决定了两种不同的生活状态，一种充满了外显型的正能量，一种充满了退避型的负能量。

好奇心是人的天性，它无须学习，我们每个人出生的时候就都已经具备了这种能力。没有它，婴儿将无法生存，人类将无法世代生息，它驱动人们不断前进、改变、革新、创造、超越。然而有些人却在后来的成长过程中，因为所谓的怕被伤害，所谓的追求安全感，实质上是因为一种懒惰，一种懦弱，而逐步放弃了它、消除了它甚至是去诋毁它，否定它存在的必要性，这实在是成长最不该付出的代价。

没有好奇心，你就会故步自封，举步不前。你的生活将只剩下

无谓的重复，却再没有可贵的新知。你将没有机会享受更加便捷的生活，更加有趣的消遣，更加震撼人心的诗歌，你只不过是在自己制造的城堡里整日打转，逐渐和这个日新月异的世界相脱离，被排除在人们的谈话之外，和人们的心灵相隔万里。你会逐渐变得没有胆识，没有自信，没有前进的动力，这是一个作茧自缚的过程，无论你的生理年龄是几岁，你的心都已经无比衰老了。

所以，无论如何都不要丧失你的好奇心，因为它实在意味着太多了。无论这对于你而言有多么艰难，你一定要尝试着迈出第一步。其实，在生活中，你有太多的机会去唤起你的好奇心。当你对一件事物哪怕只有那么一点点好奇的时候，不要想着“了解它又能有什么用”，不要怕麻烦，怕丢脸，不要轻易就又退缩回自己的安全领地。试着多向前走一步，对自己说“这个东西看起来还挺有趣”；试着多向他人请教，多与人沟通，甚至是不耻下问，不要担心别人说出“你连这个都不知道”这样的话；无论何时都不要觉得已经晚了，比起别人自己已经落下了太多，去了解这个世界什么时候开始行动都不嫌晚；不要觉得即使不行动自己也能过得不赖，你完全可以过得更好；更不要害怕失败，就算经过尝试发现那个新鲜事物不是你所喜欢的也没有关系，因为即使你的努力没有使你知道什么是适合你的，至少你因此知道了什么是不适合你的。

只要你肯迈出那么一小步，敢于开始你的好奇之旅，去探索那个对于你来说未知的世界，你就会爱上这种感觉。每一天都是新奇的，都有许多新的事物等着你去了解，许多新的人等着你去相识，许多新的概念等着你去认知。这将唤起你巨大的正能量，让你用热情去拥抱生命，让你的生活因为自己的努力而变得日新月异。你将重拾那份天性，那种可贵的童真。

走进异质类人群

同一个家庭的成员之间，会形成一种较为固定的相处模式。一个企业内部，会形成一种较为独特的企业文化。一群朋友之间，会形成相对一致的人生观和价值观。当你的生活圈主要集中于一个家庭、一个公司和一群朋友的时候，你会以为你所选择的或者你已经适应和习惯了的环境就是唯一的一种环境，你所熟悉的那些人就代表着所有人的生活方式和所思所想。人们都是这样，世界不过如此。

可实际上，这个世界远没有那么乏味。世界之大，人与人之不同，远远超乎你的想象。如果你只停滞于习惯了的生活，圈在自己所熟悉的那一小群人当中，会很容易变得疲倦、麻木，久而久之，你的目光会变得呆滞，思维会变得刻板，看法会变得固执，气质会变得小器。你会逐渐失去创造力、想象力和生命的灵气。

所以你要想办法多看看这个世界。古人说“读万卷书，行万里路”，读书和旅行绝对是认识这个世界的好办法，我们能够从书本上了解到他人的思想，通过旅行领略不同的风景和人情。但是比这更为直接也更为便利的，是多接触异质类人群。

所谓异质类人群，就是与你以及你经常接触的那些人有所不同的人。与你同质的人，确实会让你感觉很舒服，因为你们的想法

和经历都比较相似，彼此之间也有了默契，说什么都能一拍即合，沟通起来会很轻松。但这是优势，同时也是劣势，如果你只和这样的人在一起，久而久之你的思想就会固化，视野和思路都会变得狭窄，你能够从他们身上获得的灵感和启发也会不断减少。异质类人群就不同，你可以从他们身上得到完全不同的东西。如果你能多走进他们，看一看他们的生活模式，听一听他们的所思所想，你的眼界就会大开，思路会被无限拓宽，能量也会成倍增长。

我有个朋友，他在一家国企干了十多年，很多想法已经被完全固化了。遇到什么样的事情该如何去解决，很多时候几乎已经成为了一种条件反射，认为这种方法就是不二法门，就是唯一的真理。后来一个偶然的机会，他去了一家外企工作，不夸张地说，刚刚入职的那几个月他简直完全震惊了。他的思想，办事风格，以及那些他认为是理所当然的事都频频受到挑战。在这里，人们的相处模式、工作思路甚至就连打招呼的方式都与以往非常不同。他感叹地说："幸亏我从原来那个环境当中走出来了，倒不是国企好还是外企好的问题，而是长期在一个环境当中生活，我就像是被洗过脑了一样，几乎已经以为全天下的人都是这么处理问题的，全天下的公司都这么运作的，我简直已经成为了井底之蛙。那句话说得太对了，人挪活，树挪死。"

我有一个大学同学，他是一个非常内向腼腆的男人，那时候我们时常拿他打趣："你这么不爱说话，估计以后连老婆都娶不到喽！"即使我们这样说，他也从不反驳，只是腼腆地笑笑。他上大学的时候就很喜欢画画，也有一些基础，但是他后来所从事的工作与画画并没有关系。后来一个偶然的机会，他画的漫画被某杂志采用了，逐渐地，他的作品被越来越多地刊登在各种媒体上，他也因此认识了许多媒体朋友。他发现，媒体人和他原来所处的圈子有着

非常大的区别，媒体人的思维更加跳跃，更加开放，对于新事物的接受程度也更高。与这些新朋友的交往，让他发生了许多变化，他变得更加开朗，更加热情，更加敢于表达自己。他身边的人，包括我在内，都明显地感受到了他的积极变化。

多与不同类型、不同特质的人交流，一定能够使你受益匪浅。这种不同，可以是职业上的不同，地域上的不同，理想上的不同，生活方式上的不同，也可以是性格上的不同。很多事情都并不存在绝对的好与坏，你总是能够从与你不同的人那里获得启迪与能量。那么，如何才能够走进异质类人群呢？你完全可以通过兴趣爱好去认识不同类型的人。喜欢不同事物的人，总会有着不同的特质，掩藏在不同爱好下面的，是不同的人生观和价值取向。另外，由于共同的爱好而结合到一起的人，更容易对彼此有深入的了解，产生深厚的感情，换句话说，你有机会更深入地走入他们的世界。另一种方法，就是适当地更换环境。不要将自己的生活和工作空间过分地局限与封闭起来，要保证自己的世界是向外开放的，当机会来临的时候，不要害怕改变，要敢于去尝试不同的工作，不同的挑战，不同的城市。最后，多结交朋友。无论从哪个角度来看，多交朋友都不是坏事。朋友能给你的生活带来功能性和情感性的支持，帮助你了解这个世界和你自己。

海纳百川，有容乃大。想要有海纳百川的气魄，就得先见识过那些江河。多多走入异质类人群，去认识和你不同、和你原先环境中的那些人都不同的人，这是帮助你认识这个世界、增添能量、打开心胸的重要方式。

向难题漂亮地挥拳

从某种意义上说，生活是由无穷的问题构成的。生活就是一个不断发生问题，然后应对问题的过程。当你回忆往事的时候，往往想到的是一个个的问题、你为了应对这些问题而付出的努力以及事情最终所呈现的结果：高考那年悬梁刺股般地日夜奋战，女朋友提出分手后想尽一切办法去挽回，调动一切关系和资源去满足客户近乎苛刻的要求等。那么也请你回忆一下，当你遇到这些或大或小、或难或易的问题时，更多的时候是去积极应对，还是消极应付呢？

每个人都有自己所偏好的应对方式。应对方式可以简单理解为人们为了对付内外环境要求以及有关的情绪困扰而采用的方法、手段或策略。无论发生什么问题，人们都会挑选一种策略去应对，只不过挑选策略的过程往往是一个无意识的过程，人们不会清晰地意识到自己正在选择某种应对方式。

同一个问题，人们可以选择很多种应对方式去解决，选择什么样的应对方式，将会直接影响到结果。心理学的研究指出，应激事件会对人们造成多大的影响，除了事件本身的恶劣程度外，还取决于人们所选择的应对方式。每一次问题的应对，就像给人生动了个手术，手术做得好，就不会给生活留下太多疤痕，如果处理得不

好，疾病就难免会在之后的岁月里不断反复，遇见个下雨天，可能还会隐隐作痛。

应对方式可以划分为积极的和消极的两种。积极的应对方式主要包括问题解决和求助等。当你遇到问题和困难时，应用、调动自己的各种知识和技能，想尽一切办法去解决，或者当问题实在难以靠一个人的力量去解决、已经超出了自己的能力范围时，去请求他人的帮助，都是积极的应对方式，因为它们都旨在面对并化解危机。消极的应对方式则包括逃避、压抑、幻想和替代等。当问题已经存在，却不想办法去解决，而是视若无睹；或者虽然明明有自己的梦想和目标，却不付出行动去努力实现，而只是一味地幻想；又或者被领导大骂了一顿，不想着如何与领导心平气和地沟通或者改进自己的问题，却把心中的怒火转移到家人身上，让家人替代领导遭受自己的坏情绪，这些都属于消极的应对方式。

人们有时候会选择消极的应对方式，因为它相对不耗费心力。当你想办法去解决问题的时候，通常需要绞尽脑汁，这当然要比你逃避一件事、否认它的存在痛苦和辛苦得多。但是，人们的成长正是在一次次的问题解决当中得以实现的。战胜问题的过程，就是增长智慧和见识的过程，在这个过程中，你会不断调动自己的能量和才智，整合各种资源，你的能力就会在这个过程中不断变得紧实。可如果你选择消极的应对方式，可能在短时间内可以免除痛苦和不安，但不要忘了，所有的消极应对方式都不会使问题消失，难题会一直存在，所以它所带给你的痛苦将是长久的，不定时的，你最终会发现，长时期的逃避或者幻想一点都不比正视问题轻松，这些难题就像是一笔债，最终不仅债要还，你还得为此付出沉重的利息，最终你还是为你的懒惰和怯懦付出了代价。而且在此过程中，由于你不断逃避责任，压抑理想，你的

体内会积累出大量的负面能量，这些负能量将连同困难长期吸附在你的体内，有朝一日，终会以一种出人意料的方式爆发出来，给你的生活带来灾难性的后果。

积极应对，就能将问题转化为正面能量和能力，而消极应对，只会使问题不断淤积，最终转换一种方式来摧毁你的生活。该如何选择，我想你已心中有数。

识破假想的压力

人们总是抱怨压力太大，但是不客气地说，大多数压力都是人们自找的。感知到压力后去缓解它当然很好，但比这更实际的是不让什么事都转变为你的压力。回想一下，你担心的事，到底有多少真的发生了？你以为不能承受的伤，有多少真的把你打垮了？你以为过不去的坎，事到如今真的还重要吗？

每个人都会对生活有所期待，也都会遇到不少坎坷，想完全避免压力几乎是不可能的。但是，到底哪些事情真的值得你担心，哪些事情根本不必放在心上，也需要好好区分。

不要担心发生概率非常低的事情。当人们特别在意一件事的时候，就会情不自禁地去假设可能发生的种种不好的结果，并为自己假想的情景感到恐慌，但这些事情会发生的可能性真的太低了。比如有的学生特别在意高考，就非常担心高考的时候自己会生病，或者突然所有的笔都没水儿了。有的孕妇非常在意自己未出世的宝宝，每做一个动作都高度紧张，担心会对宝宝产生不利的影响。有的女人非常在意自己的男人，只要男人稍有不高兴，或者与她稍有所争执，她就觉得这个男人要离她而去了。这样的事情不是完全没有可能发生，但确实缺乏足够的证据和紧密的逻辑，发生的概率其实非常低。如果这样说来，活着本来就非常危险，小概率的大不

幸事件几乎时刻都可能发生，比如忽然发生地震、比如被楼上掉下来的花盆砸到、比如车祸。那么你是否每晚临睡前都担心会发生地震？每过一条马路都担心车祸？如果不是，为上面所提到的这类事情感到担心就同样没有必要了。

不要担心对你并不是非常重要的事。人们习惯了为错误和失败担心，一旦钻进了牛角尖就会琢磨个不停。当你为一件事感到压力非常大的时候，试着跳出来，从旁观者的角度重新审视这件事，这件事情最坏的结果是怎样的？如果最坏的结果真的发生了，对你真的有那么重要吗？如果就算最坏的结果发生也不过如此，就不要为此担心了。谁都不愿意上班迟到，但偶尔迟到的结果是每个人都可以承受的，所以就不要因为迟到这种小事给自己压力。生活中总会有一些事情看起来很紧迫，但它其实并没有那么重要，千万不要被紧迫而实际上无足轻重的事情所蒙蔽，实在不必给予这样的事情太多注意。

不要对你无法控制的事情过度担心。后天要组织大型室外活动，可你担心会下雨。在外地有个重要的会议要开，时间紧迫，可飞机竟然晚点。再努力和再有成就的人力量也是有限的，总有些事情在你控制之外，对于这样的事，你要格外看开。结果不应该成为评判自己和事情好坏的唯一标准，自己是否已尽了全力才是最好的指标。正所谓尽人事，听天命。你无法控制天气阴晴，亦不可控制生老病死，但如果你已经将自己能做的都做了，就不要再给自己过多的压力，无论结局如何，都应该感谢自己，都应该释怀。对生命不要强求，生活当中总会有一些随机而不可控的事情，也正是因为多了这些不确定的因素，生活才变得神秘而精彩，我们应该感激所有的可能。

那么剩下来需要你担心的，就只有对你而言非常重要、不好的结局很有可能会发生并且你还可以控制的事情了。我相信，如果你只为这样的事情而担心，你的生活压力会小许多。在排除了假想的和不必

要的压力之后，让我们再来看看如何对付这些排挤不掉的压力。

干掉它，结束它，这是最好的办法。我们在前面已经讲到过要用积极的方式去应对问题。人们面对压力时的反应并不一样，压力会激起某些人的斗志，让他们变得比平时更强，而有些人面对压力却只会抱怨或逃避。我有两个好朋友，都因年岁日益增长却还找不到理想的伴侣而感到压力。但是其中一个想尽办法，煽动身边所有的朋友帮她介绍，积极地去相亲，虽然也遭遇了很多次的失败，但通过不懈地努力，终于遇到了一个志同道合的好男人。而另外一个，虽然也觉得压力巨大，但她应对压力的方式是逃避，她很忌讳别人提起她大龄未婚的事情，闹得没人敢给她介绍男朋友，直到现在她也没有找到理想的伴侣。所以，压力最大的敌人就是勇气和行动。

其次，要用平常心对待压力。不要过度重视它，即使是真的值得担心的事情，即使是任谁都会感到有压力的事情，也要试着让自己尽量放轻松。压力所带来的结果是呈倒U型曲线的，在一定的范围之内，压力可以转化为动力，让你的精神高度集中，办事效率显著提高。但是，当压力过大时，它就无法转化成动力了，只会成为阻碍你成功的一口怨气，你会因为压力而感到不堪重负，结果反而会更糟。同时，对待压力也不要过于抵触。不要因为感到生活有压力就心灰意冷或者心烦意乱。压力是生活的常态，没有压力，万物都会失去方向，生活也会缺少很多乐趣。从我们呱呱落地，就肩负着生存的难题，每一步，每一年，都要迎接完全不同的挑战，成长，就是压力结出的果实。所以，本不存在没有压力的生活，既然它与生俱来，又不可完全避免，倒不如坦然地接受它，利用它。

压力产生的并不完全是负能量，但假想的压力和过度的压力则会产生出大量的负能量。控制好你的压力源，别让没必要的压力打倒你。

向大自然要点儿正能量

凝结最多正能量的地方，是神奇而美妙的大自然。无论何人，无论何时，只要走进大自然，就一定会被大自然的力量所震撼，并从中摄取到大量的正能量。所以，如果你急需正能量，最简单的方法，就是立刻投入大自然的怀抱。

毋庸置疑，大自然对你的身体大有益处，那里富含着大量的负氧离子，空气更加新鲜，视线更加开阔，它还为你提供了更为宽广的活动空间，令你的四肢和内脏更加舒适，而良好的身体状况和觉醒状态势必会给你带去正能量。在大自然中，你会感到精神更加充沛，身体更加轻盈，头脑更加灵活，整个人更有活力。

当然，大自然除了通过身体、物质的方式向你传递正能量以外，还会更多地通过心灵、意识的方式将正能量传递给你。

大自然会令你内心平静。当你置身于那些宏伟的风景——湛蓝的天空，一望无际的大海，广袤无垠的草原，跌宕起伏的山峦之中时，感觉会像是被包裹其中，似乎回到了母亲的子宫里，没有任何危险，给你一种最稳定的安全感，这种安全感能够让你的心渐渐沉下来，呼吸回复到最正常的状态，你会感到最彻底的放松，没有紧张，没有不安，亦没有异常的兴奋。即使你身在城市之中，没有办法随时领略到这样广阔的风景也没有关系，只要你迈出家门，依然

可以和大自然亲密接触。闭上眼睛，用力而深长地呼吸，收起全部意识，专心地感受微风拂过你的面颊，感受你的双脚紧紧地踏在大地上。你一样会感到放松和平静，微风是大自然对你的抚慰，而大地将向你提供无穷的能量，它承载着你的身体、你的全部精神和记忆，让你感到有所依托。

大自然中的那些生灵同样可以给你正能量。那些忠诚的狗，骄傲的猫，飞翔的小鸟和自由的小鱼，无论是什么动物，你都能够从它们身上看到生命最原本的样貌，因为它们在按照自己的天性生活，没有矫饰，不经雕琢，如此努力，如此自然，从来不会放弃生命，你一定能够从它们那里感受到生命的珍贵与可爱。

当你充满负能量的时候，同样可以去看看那些迷人的植物：粗壮的大树，摇曳的花朵，嫩绿的小草，它们都会向你传递一种正能量，因为它们都在努力地向上生长，展现着一种美好和芬芳，姿态自然，颜色纯正。无论是那些奔放的，还是含蓄的，那些结果的，还是常绿的，都在诉说着自己的一种生活态度，让你对生命肃然起敬，感受到生命原来是这么的奇妙、美好，也是这么的多姿多彩。你会因此变得乐观，充满生活的勇气和动力。

大自然的丰富和广阔，会让你感到内心愉悦，也会使你对生命充满尊重与崇敬，同时会促使你重新摆正自己在环境中的位置。当你面对大自然的时候，会很自然地放下过分的骄傲与自满，心中注满了谦卑与宽容。你会感恩当下，感恩所拥有的一切，感恩生命以最繁华的姿态绽放在你的身上。所以，如果有可能，你不妨多利用周末或者假期，走出房门，甚至走出城市，回归到大自然当中，给自己一段哪怕是短暂的、但是与以往不同的生活。当你面对大自然的时候，一定要抛开一切烦恼和杂念，完全沉浸于其中，只感受当下的事物，张开双臂与大自然融为一

体，和它对话，向它诉说，从山川与河流、微风与细雨、大地与天空以及所有生灵那里获取力量，感悟生命的哲理，开启心智，净化心灵，吐故纳新。这种来自大自然的正面能量是最强劲的，最纯粹的，也是最为持久的。

第五章

幸福离不开正能量

【本章导读】

- 寻找可持续的幸福感
- 别小觑笑的能量
- 别忽略掉那些“小确幸”
- 每天给自己三个快乐的理由
- 用运动强健你的心灵
- 降低你的“幸福阈限”
- 远离幸福适应症
- 幸福，不能想想而已
- 让幸福变得“无意识”

寻找可持续的幸福感

做令你感到快乐的事无疑能够给你带来正能量，但是每件令你快乐的事当中所赋的正能量值却不尽相同。

充足的睡眠能够令你感到舒适快乐，这种舒适和快乐会令你精力充沛，感到浑身都充满能量。读一本好书也会令你感到快乐甚至是兴奋，毋庸置疑，无论是读书本身所产生的积极情绪，还是通过阅读所掌握的新知识，都能够给你带来正能量。虽然睡觉和读书都会令你快乐，但其中所蕴含的正面能量值却是不同的。除了在你极端需要睡眠的情况下，一个小时的阅读绝对比一个小时的睡眠能够带给你更多的正面能量。

我们将睡觉、玩游戏、看电影这类事件带给你的快乐称之为短暂的快乐，将阅读、学习、关爱他人等需要花费一定的精力才能够完成的事件所带给你的快乐称之为持久的幸福。

短暂的快乐和持久的幸福有两点重要的区别。短暂的快乐是一种纯粹而表面的快乐，说它纯粹，是因为这类事情往往是将你完全浸泡在“舒适区”，所产生出的情绪中只有快乐，并不夹杂任何痛苦的成分。说它表面，是因为它能够带给你的快乐是非常短暂而肤浅的，随着你关上电视，享用完美食，或者一觉醒来，快乐也就随之结束了。持久的幸福则恰好相反，这类事情往往会将你带离“舒

适区”，所产生的情绪也较为复杂，当你在做这样一件事情的时候往往不只感到快乐，有时还会感到烦躁、焦虑、有压力。比如你想学习一种乐器，在你反复练习一首曲子的过程中可能会感到厌烦甚至是痛苦，但是当你真的学有所成的时候，感受到的快乐也是更加令人震撼的，因为这种快乐能够冲击心灵，也能够引发出更多种积极的情绪，比如自豪感、成就感、荣誉感等。同时，持久的幸福还会给你带来较为深远的影响。玩游戏或者看电视所带来的正能量极其有限，顶多是让你在短时间内保持一个良好的心情，然而阅读或者学习所带给你的正能量则不易消失，你可能在未来的很长一段时间都会因此而受益，它会为你的生活作出更为持久的贡献。

短暂的快乐更像是一种消费，花完就没有了。而持久的幸福则更像是一种资源，一旦获得，不仅可以让你当下富有，在将来还有可能为你创造出更大的价值。

所以，如果想要获取正能量，不仅要做积极的事，让自己产生更多的积极情感，还要多做能够让你产生持久幸福感的事。阅读自己喜欢的书，发展一项兴趣爱好，坚持某项体育锻炼，去真心地关爱一个人，也许从当前来看会有点苦乐参半，远比看一场电影、去一次游乐园要吃力得多，但是它带给你的回馈也将是更为丰厚的，它会像一块能量石一样持久地散发着正能量，这种能量是多层次、多维度的，既有外显的部分，也有内隐的部分，你会因此受益良久。

别小觑笑的能量

笑能够使你更幸福，达尔文曾经提出过，“感情的自由外在表现会加强主体自身的感受”。笑能够带给你的好处，绝对大大出乎你的意料。

最为直接的，笑能够让你生活得更健康。笑能够增强肺的呼吸功能，清洁呼吸道，促进血液循环，增强新陈代谢，甚至还能起到止痛的作用。当然，笑不仅能够带给你更加强健的身体，还能带给你更加健康的心灵，以及更加顺利的生活。

首先，微笑能够使你变得更快乐，这是指向自我的作用。前面我们讲过，行为能够改变态度，笑就是一个最好的例子。经常微笑能够改善你的心情，所有的表情都是情绪的放大镜。快乐使你发笑，而笑容又会使你更快乐。同样，痛苦使你落泪，而眼泪会使你更加沮丧。所以，当你心情欠佳或者遇到困难的时候，就更要多微笑。“脸部回馈假说”认为你的笑容会给你的大脑发出信号，告诉大脑你现在很快乐，从而你就会真的感受到快乐了。每天起床洗漱之前，先对着镜子给自己一个大大的灿烂的微笑，告诉自己我很快乐，用轻松愉悦的心情开始一天的生活。即使是“装模作样”的微笑，最后也能够转变成真正的快乐。

微笑指向外界的作用更是多层面的。你的微笑不仅能够改变你

的心情，也能够改变周围人的心情。没有人喜欢整天板着一张脸的人，如果你总是笑脸迎人，当人们在头脑中想到你的时候，出现的都会是你微笑的样子。每天进入办公室，用笑容和你的领导、同事打招呼，这会博得他人的好感，令你的人气飙升。

微笑还能够帮助你化解危机。俗话说“伸手不打笑脸人”。微笑是友好的象征，能够使气氛融洽，让人们的心情趋于平和，为你避免不必要的争吵和麻烦。当别人对你很友好时，微笑是一种感激，一种回馈。当别人伤害你时，微笑是一种宽容，有时也是一种轻蔑，让对方的伤害无法在你身上停留。当你在大街上碰到与你找茬吵架的人，如果你也怒目相对，恶语相向，反就被对方抓住了把柄，只会使争吵不断升级。但如果无论对方怎么叫嚣怎么无理取闹，你只是对着他微笑，他要么会气急败坏但拿你没有一点办法，要么就会觉得非常羞愧地迅速离开。所以，笑，有时能够“以柔克刚”。

笑也能够为你带来好运气。如果你经常对别人微笑，别人就会更愿意与你亲近，无论在生活中，还是在工作上，你都会拥有比别人更多的机会。举一个最简单的例子，假如你去一家公司面试，如果你从头到尾都板着脸，面试官会觉得你要么是个非常高傲的人，看不起这份工作，要么就是个非常自卑的人，内心的紧张导致你面无表情。但如果你从始至终面带微笑，面试官就会认为你是一个非常自信且友好的人，你将更有机会得到这份工作。

当人们对你不够了解的时候，只能通过你的外表来判断你的内心，俗话说，面由心生。你脸上的表情有时比你的五官更为重要，也更为立体，因为情绪总是带有更多的讯息。当你与他人接触时，表情代表了你对他人的态度——如果你面目狰狞或者显得非常冷漠，对方就会认为自己是不受欢迎的——无论你不高兴的原因到

底是不是因为他，试问谁会去喜欢一个不喜欢自己的人呢？同时，你的情绪还代表了你的心境，它在昭告天下你是一个容易快乐的人还是一个容易悲伤的人。如果你很吝啬微笑，他人可能会尽量避免与你接触，以免被你的坏情绪感染到。最后，情绪还能表露你的性格，微笑通常被人们与自信、乐观、开朗、善解人意联系在一起，这些性格特点恰恰是人们乐于接受的。

“笑一笑，十年少”，微笑，能够让你的身心都更加健康。“一笑泯恩仇”，微笑，也能够化解仇恨和误解，为你的成功减少阻力。“笑一笑，朋友到”，微笑更能够为你积攒人脉，使你成为受欢迎的人。简单的一个微笑，却能爆发出这么强大的正能量！所以，请你微笑地面对生活吧，就像那句俗语说的那样，“生活是一面镜子，你对它微笑，它就会对你微笑”。

别忽略掉那些“小确幸”

七七是个北漂族，大学毕业后和她的男朋友来到北京打拼，工资虽然越挣越多，可是永远也赶不上房价的增长速度。今年已经是七七来到北京的第七个年头，眼看宝宝就要出生了，他们还是没有买上房子。七七为此整日愁眉不展，她已经受够了居无定所的生活，她最大的愿望就是能拥有一套属于自己的房子。只要一天没买房子，她就觉得过得不痛快，没有什么事情能够让她感到开心，心爱的爱人不行，即将出生的宝宝不行，一群共同奋斗的朋友也不行。

蓉蓉35岁，她总是笑脸迎人，每个人都赞美她的感染力，也都羡慕她的好运气，因为她看起来总是那么开心，充满活力，似乎总是能够遇到好事情。可是鲜有人知道，她有一个患癫痫病的6岁大的女儿。她最大的愿望就是能够彻底医治好女儿的病，让她像别的小朋友一样健康茁壮地成长。但是她并没有因为女儿的病就认为自己是不幸的，也并不认为女儿是不幸的，她依旧感谢生命，感谢生活，感谢上帝将女儿带入她的生命。她觉得日子当中总是有很多幸福的瞬间，许多值得欢笑的时刻。虽然她并非过得一帆风顺，但是她总是喜悦的，总是能够看到那些美好的事物。

人生总有尚待解决或者根本无法解决的难题，但你不能因为

梦想的无法实现，困扰的无法解脱，疼痛的无法释怀就抹杀一切快乐的存在。七七的买房梦想还没有实现，她告诉自己，在没有属于自己的房子之前，自己没有资格也不可能感到快乐。蓉蓉却不这样想，她认为人生总是苦乐参半，既然痛苦和矛盾总会存在，就要学会对此释然，同时努力去追求、发现、欣赏属于自己的幸福和快乐，这样的人生才充满意义和动力。你不难看出，谁才是生活当中的智者。

让困难和幸福各行其道吧，智者会允许它们并存。小幸福分分钟都在发生，你不该对此视而不见，更不能忽视小幸福相互积攒的力量。问题是手中织不完的毛衣，但是，只要电视中播出有趣的节目，你就有必要停下手中的活计，抬头去享受快乐。一辈子低着头只盼着把毛线赶快织完的人，只怕终其一生都在被问题所困扰、品尝着漫无边际的苦涩。

很多人都觉得自己不幸福，其实只是他们没有认识到真正的幸福是什么，太不在意那些微小却重要的幸福，太容易被痛苦所遮蔽，并因此失去了感受幸福的能力。浮生偷得的半日闲暇，某个夏日傍晚三两好友的聚会，挫折和困境中朋友最无私的帮助和鼓励。甚至更为细小：早晨刚走到车站公交车就来了，食堂师傅给你的鸡蛋比给别人的都大，彩票中了五元“大奖”，以为丢了的东西忽然出现在眼前。这些正是村上春树所说的“小确幸”，那些微小而确实的幸福，一种最简单也最实在的幸福。即使快乐完这一秒还是要继续面对问题，也不要因此就去忽略甚至否定这些小确幸，因为生活其实就是由这些微小的部分组成的，这些小幸福现在看起来也许并不起眼，但日后回想起来，这些恰恰是最有生活气息、最具诗意也最令人怀念的部分。

什么是幸福？幸福不是痛苦和快乐相加减之后的绝对值，并不

是你的烦恼多于快乐就决定了你是个不幸福的人。痛苦和快乐总是并存的，不要因为有痛苦，就忽略与其同时存在的幸福。即使梦想还很遥远，即使生活中的不顺利一件接着一件，也不要忽略每天都会发生在你身上的小确幸，它们会给你安慰，给你力量，给你克服困难的勇气，还会给你最为珍贵的人生回忆。

都市里存在着一个非常特殊的族群，叫做“向日葵族”，是指那些善于发现生活中微小的幸福、懂得感恩、懂得赞美、像向日葵一样总是朝向阳光所在的方向的人。希望你也能够成为向日葵族的一员，不以幸福小而不为，“给点儿阳光就灿烂”。

 每天给自己三个快乐的理由

我的朋友五月一天到晚总是愁眉不展，我见她这样就会问她：“你又皱着眉头，遇到什么不开心的事情啦？”五月总是回答我：“我皱着眉头，是因为我没遇到什么值得开心的事情啊！”

恰恰相反，我的朋友娇娇是一个看起来没心没肺、每天都嘻嘻哈哈的姑娘，我每次被她逗得哈哈大笑的时候，都会问她：“你又遇到什么喜事啦，这么开心？”她总是回答我：“我没遇到什么烦心事啊，这还不值得开心吗？”

人们到底是应该因为没有开心事而烦恼，还是应该因为没有烦心事而开心呢？当你既没有开心事也没有烦心事的时候，通常是感到庆幸还是感到无聊呢？

如果你认定某个人是坏人，你便能找到许多证明他是坏人的例子。相反，如果你觉得他是个好人，你同样也能找出许多事情来说明他确实是个好人，你所找出来的这些证据又会反过来坚定你所抱有的信念。这就是心理学当中所说的自我实现预言：当人们对一件事进行预言或者解释之后，人们往往就会把事情的发展按照自己预言和解释的方向推进，结果预言就这样被兑现了。对人是如此，其实人们对待自己的生活也是一样。如果你认定自己是快乐的，并且每天为自己寻找快乐的理由，你就会真的变得非常快乐。

所以，首先你要给自己的生活一个美妙的预言。坚信自己是幸运的、快乐的。然后，还要给自己较为具体的希望。想一想今天、或者最近几天是不是有什么值得期待的事情？比如，在淘宝上购买的宝贝今天就要到货了，这个周末要和朋友一起去看一场期待已久的演唱会，或者下周一在外地出差的女朋友就要回来了。让生活充满希望，是让自己快乐、保有正能量的第一步。

接下来要做的，就是每天总结三件让你感到开心的事，包括那些有所预期的和完全不在预料之内的事。不要急着否定这种可能性，更不要急着否定自己的生活，只要你肯留心观察并用心体会，每天值得你开心的事情绝对不止三件。它可以是升职加薪、表白成功或者购置新房这样的大好事，但是这样的事情不可能每天都发生，所以更多时候，你所要回想和总结的，是我们之前提到过的那些"小确幸"，比如今天被领导或者老师表扬了，与一个很久没有联系的好友取得了联系，在超市买到了打折商品，或者微博又多了好几个粉丝等。你可以只是在临睡前回顾这些令你快乐的事，然后带着满足和感激入睡。当然，如果你愿意，还可以将它们表达和记录下来，比如写在自己的日记里，或者记录在微博和个人空间上，最好你还能将这些事与他人分享，告诉你的家人或者你的好友，今天你碰见了什么样的开心事，再和他们交换一下他们所遇到的好事，这样你们的快乐就会加倍。

每天早晨带着希望睁开眼睛，想一想今天都将有什么快乐的事情发生。每天晚上带着满足和感恩入睡，回忆一下今天都遇到了哪些幸福的事。这样，你的每一天都会是值得期待的、充满动力的、热情饱满的。幸福其实就是每天都有所期待，每天又都有所收获。

用运动强健你的心灵

体育锻炼能够给人们带来正能量，提升人们的幸福感，对于这一点，很多人都已有所了解，也并不觉得奇怪。但是如果我告诉你，在提升幸福感、治疗抑郁症状方面，体育锻炼的作用甚至不亚于药物治疗，你会不会觉得很惊诧和不可思议？

有一个颇为有名的科学研究，它将年过半百的抑郁症患者分为三个组，第一组在教练的指导下进行为期四个月的有氧健身训练，包括骑车、走路、慢跑等，第二组进行药物治疗，第三个组既接受健身训练也接受药物治疗。结果发现，三个组成员的抑郁症状都有所减轻，幸福感和自尊水平都得到了提升。但令人惊奇的是，健身训练组的效果并不亚于其余两个组的效果，它不仅造价低廉，还能避免药物治疗带来的疼痛和副作用，并且病症更不易复发。除此以外，还有很多实验都证实了体育锻炼是最有效的瞬时提升幸福感的方法。

为何体育锻炼能够提升人们的幸福感？有很多因素在起作用。最为直接的原因可能是体育锻炼需要耗费你的体力，它占用了你全部的注意力，使得你没有多余的精力再去思考那些令你感到烦恼的事情。体育锻炼还能够产生热情、活力等积极情绪，这会使你感觉自己充满了力量。

不仅进行体育锻炼的过程有助于增强你的幸福感，这种效果也将延续到锻炼结束以后。你一定有过这样的体验，锻炼之后浑身都觉得非常松弛，身体不再感到紧绷，运动之后那种“精疲力竭”的感觉让你觉得非常舒服。

另外，体育锻炼能够给你带来一种控制感，你会感觉你在掌控自己的身体和健康。就拿上面的那项实验来说，通过体育锻炼来增强幸福感的人可能比吃药来改善自身状况的人自我感觉更好，他们觉得可以靠自己的努力来改变未来，而不是完全地依赖外在的药物。当你能够比以前跑得更快，跳得更高，游得更远的时候，你会油然而生一种成就感，让你觉得自己在进步，让你对自己和未来都更有信心。

运动也是一种爱好，它可以带给你一项健康的爱好能够赋予你的一切。当你所从事的运动是竞技运动、团体运动，或者你总是和他人结伴运动时，你还能够因此获得友谊，以及更多与他人交流的机会。并且，我们总是能够从体育运动当中悟出很多关于人生的哲理：比如如何平衡合作与竞争的关系，如何看待自己与敌人的关系，如何看待超越，如何看待自己等。体育运动还能够锻炼我们的意志品质，所有的这一切都将使我们拥有更好的心态。

最后，毋庸置疑，体育运动能够强身健体，提升你的身体机能，增强你的免疫力，均匀你的体型，使你每天都精神充沛，活力四射。健康的身体状况和良好的觉醒状态本来就会使人感觉幸福。由此可见，体育锻炼能够从多个方面、通过多种途径带给你能量，提升你的幸福感。

体育项目多种多样，你完全可以选择喜欢并适合你的。人们总是找各种各样的原因来拒绝体育运动，比如没有整块的时间，没有经费，没有场地等。实际上，进行体育锻炼基本上是没有什么限

制的。如果你的经济条件允许，你可以在周末约上三两好友去羽毛球馆打羽毛球，或者去游泳馆游泳，但如果你的经济条件不允许，你可以选择在早晨起来围着小区跑步，这几乎花不了你什么钱。如果你的时间条件允许，你可以选择在周末去爬山，或者去跑马场骑马，但如果你的时间不允许，你可以选择在上班的休息间隙做广播体操，或者晚上在家做做瑜伽。如果你身边有同样热爱体育运动的朋友，你可以约上他们去踢足球、打篮球，但如果你找不到这样的伙伴，你也可以一人练习竞走，或者去骑自行车。如果你的身体条件很好，你可以选择像跆拳道这样大运动量或者高对抗性的体育项目，如果你的身体不是很好，你也可以选择慢走这种相对平和的体育运动。总之，无论你各方面的条件是怎样的，你都能找到适合于你的体育运动，并享受它带给你的能量和快乐。

运动虽然好，但也不能过度。亚里士多德曾经说过“运动太多或太少，同样损伤体力；饮食过多或过少，同样损伤健康；唯有适度可以产生、增进、保持体力和健康”。过度的运动可能会起到适得其反的效果，不仅会对你的身体造成损害，也会让你心理上感觉不舒服、感到受挫甚至是痛苦，最终使得你彻底放弃运动。体育专家给出的建议是，你在运动当中要把心率控制在合适的范围之内。用220减去你的年龄就是你的心率最大值，在运动过程中你应当将你的心率控制在最大值的65%到80%之间。

运动贵在坚持，所以你最好让运动成为你生活的一部分。有两种方法能够帮助你做到这一点：真正地爱上一项运动，并养成一种良好的运动习惯。说实话，我以前并不是一个热爱运动的人。但是我身边的朋友总是鼓励我多做运动，他们根据对我的了解，建议我去做瑜伽，甚至有一位朋友愿意和我共同报一个瑜伽课程班，陪我一起练习。我不得不承认，做了一段时间的瑜伽后，我深深地爱

上了它，我喜欢这项运动。因为这项运动蕴含着许多关于人与自然、身体与心灵关系的哲思，它让你用一种真实而感恩的心态来看待自己以及自己的身体。并且，每当我望向镜子中的自己，看到瑜伽让我的身体展现出一种优美和自信的时候，我都会感到真心的愉悦。不仅是瑜伽，其实每一项运动都有很多乐趣，都有它的魅力所在，一旦你找到真正适合于自己的运动，你就会深深地爱上它，甚至离不开它。再说，当你运动了一段时间之后，发现自己的身体比以前更加强壮了，心情也比从前更好了，你怎么可能还会舍得放弃它呢？

歌德说，“只有运动才可以除去各种各样的疑虑”。实际上，运动不仅可以帮助你消除疑虑以及其他的消极情绪，运动还会使你更加快乐和幸福，它不仅能够锻炼你的身体，还能强健你的心灵。即使不为了你的身体，就算是为了你的心灵和幸福，去做运动吧！

 降低你的“幸福阈限”

每个人的感觉阈限都不同。阈限是指外界引起有机体感觉的最小刺激量。你去医院打针，问前面打完针的人疼吗，有的人会告诉你很疼，有的人却会告诉你一点儿都不疼。你的同伴说这屋里飘着一股饭香，但你却一点儿都闻不到。简单地说，感觉阈限就是对事物的一种感受力，容易感受到，说明阈限较低；不易感受到，就说明阈限较高。不仅不同的人的感觉阈限不相同，同一个人的不同感觉之间的阈限也会有所不同。也许你对声音非常敏感，但是味道的感受力却并不高。我们不妨来借用一下这个概念——每个人对幸福以及正面事件的感受力也不尽相同。同样是愿望得以实现，同样是所爱的人对自己有所反馈，人们因此所体验到的幸福程度却千差万别。

有的人擅长感受快乐，有的人则更擅长感受痛苦。有的人总是能够从一件正面的事情上获取更多、更持久的幸福和能量，而对痛苦却没有那么敏感。另一些人则刚好相反，他们对那些正面的事情感觉迟钝，轻易地就让它们溜走了，但却总是抓住痛苦的事情不放。这两种人即使处在同样的环境之中，生活中上演一模一样的事件，他们的生命故事也会因此大相径庭。说到底，幸福不是事件，而是你对某一个事件的情感反应。即使正面的事件再多，你无法从

中提取出快乐，感受到幸福，获取到力量，一切也都是枉然。从这个角度来说，我们都该做个“笑点”低的人。

追求幸福很重要，但你不能总顾着追求幸福，而忘了感受幸福。人们追求幸福的状态很像采蘑菇，每一朵蘑菇都是一个幸福，当人们好不容易找到一朵蘑菇并将它放入囊中的时候，眼睛已经在寻找下一朵蘑菇了。人们的内心一直处于一种紧张的状态，根本无暇理会筐里的蘑菇，感受此刻的兴奋。想要增强正面感受力，首先就要学会停下来，感受当下的幸福。有关幸福的愿望永不会穷尽，追求幸福将是一件没有尽头的事，所以你更需要时不时地就停下来，看看自己已经得到的幸福，感受它，并对此感到感激和满足。

你应该有意识地去感受幸福。人们并不是每时每刻都对所有的事情处于有意识的状态的。特别是那些人们不够在意，或者已经司空见惯的事情，更是会用自动化的方式去处理它们，甚至忽略这些事情的存在。当你逛街的时候，如果脑子里在反复思考工作上的难题，你就有可能“看不到”身边花花绿绿的商品；当你一边走一边和朋友非常投入地交谈时，可能根本意识不到已经走到了哪里。有时候，我们就是这样与身边的幸福失之交臂的。所以，你要时刻提醒自己，多去关注那些正面事件，遇到好事就要停下来反应一下，告诉自己：“哦，这件事情很有意思，我该注意到它的，它能带给我快乐和力量。”

当你为这样的事停下来后，还要更多地沉浸其中。正面的事情就像阳光一样，值得你停下脚步，花一些时间沐浴其中，感受温暖，汲取营养。你可以试着将好事分解，想一想这样的好事是怎么样发生的，能够对你产生什么样的积极影响，深刻感受自己此刻的快乐心情，并努力将短暂的心情转化为一种更为持久的心境，让这件好事一直跟随着你，给你带来更多正面能量。

最后，你还可以将其与人分享。分享的过程便是一个意识化的过程。如果你想将自己遇到的好事或者是感受到的幸福告诉给其他人，就要对它进行思维的加工并组织合适的语言来表达，之后还有可能会和他人进行讨论。这整个过程将会加固你对这件事情的印象，使它对你产生更为深远的影响，同时还有可能将正面能量传递给其他人，这是一个非常好的扩大和扩散正能量的过程。

对待美好的事物不能狼吞虎咽，这是种浪费。你要懂得为它多做停留，细细去咀嚼，慢慢去品味，吸收全部营养。每一件美好的事物都是一件高档的心灵保健品，你必须珍视它，欣赏它，尊重它，完完整整地消化它，这样，你的心灵就会更加强壮，你也会变得更加幸福。

 远离幸福适应症

有时候你觉得自己不幸福，可能恰恰是因为太幸福了。

你刚进入电影院时，会觉得四周漆黑一片，可过了一段时间周围的事物就渐渐清晰起来；你进入一间堆满鲜花的房间，刚开始觉得芳香四溢，可过了一段时间就不再能感觉到香气，这叫做感觉适应。

不仅你的视觉、嗅觉、痛觉会产生适应性，你的情绪和情感也会。当你曾经梦寐以求的东西拥有得久了，你就会逐渐失去幸福的感觉，并不是这个事物对你而言已不再重要了，而是你对它带给你的幸福已经逐渐适应了。

如果你是一个平民老百姓，你可能会非常羡慕那些百万富翁，觉得他们的生活一定和自己有着天壤之别，他们该是何等的幸福啊！可以随意买自己想要的东西，永远不用为了生计发愁！你也许会想，如果自己能够变为百万富翁，幸福感一定会飙升！所有的烦恼都会烟消云散！真的是这样吗？事实告诉我们并非如此。科学家研究发现，那些中了彩票巨额奖金的人，在获奖之后的短暂时间里，幸福感确实有很大程度的提升，但是一段时间过后，他们的幸福感就又恢复到了中奖之前的水平。

幸福感具有适应性，这个命题已经被科学不断验证了。不拿

百万富翁举例，这样的人毕竟是少数，就拿你我身边的人来举例。

我的一个朋友，到28岁的时候还没交过一个男朋友，她把浪漫的电视剧和书籍看了一打又一打，整天幻想着爱情的到来。每每看到其他姐妹和男朋友出双入对，她都羡慕不已，有时甚至会眼泪汪汪、含恨地对我说："我真是羡慕他们啊！为什么别人都可以这么幸福，只有我如此不幸？如果我能遇到一个我所爱的男人，我才不会去考虑什么对方有没有钱，是哪里人，能不能和他朝夕相处呢，只要有这么一个人出现，我就会觉得很幸福很知足了！"她的话果然灵验，一年后，她终于遇见了她的白马王子。最初的三个月，她确实喜形于色，整个人被爱情浸泡得像个红苹果，可短短三个月后，她就又暗沉了下来。我问她怎么了，她委屈地告诉我："他不肯跟我结婚。"她的幸福之旅短暂且仓促，她又回到了以前的愁眉不展当中。时隔一年，她终于如愿以偿地和那个男人步入了婚姻的殿堂，在婚礼上，我都能感受到她扑面而来的幸福甜蜜，我真心为她感到高兴。可是，这美妙婚姻带给她的幸福冲击力也不过维持了短短半年，半年之后当我再见到她时，我问她是否过得特别幸福，她却翻了个白眼跟我说："嗨，幸福什么呀，我老公特别不爱干活，我都烦死他了，成天为这个跟他吵架，还有我那个婆婆……"显而易见，她对她心神向往的幸福生活已经非常适应了，她那句"只要有这么一个人出现，我就会觉得很幸福很知足了"并没有真的实现。

我的另一个朋友，总嫌她老公挣钱挣得少，她老公挣三千元的时候，她想他要是能挣五千元该多好啊。等她老公真的挣五千元了，刚开始她还挺高兴，可没过多久就又不满足了，觉得要是能挣一万元就好了。她老公就像一头拼命低头拉车的驴子，一股脑儿地向前冲，想要满足老婆的要求，好让她觉得幸福，只可惜这女人的

幸福总是短暂的，不幸福却是相对长久的。

我的这两个朋友都患上了“幸福适应症”，症状就是对幸福适应得太快，对到手了的幸福太容易忽略和不以为然，太不容易知足，所以，无论过着怎么样的生活都会觉得不够幸福。

幸福是一个非常私人化的感受，没有标准答案，你觉得有些人真的该感到幸福，但他们却患上了抑郁症。你觉得有些人真是活得生不如死，真该怨天尤人、仇恨社会，但他们却知足感恩，过得幸福无比。所以，是否过得幸福，并不完全取决于你过着怎么样的生活，更取决于你对事物的感受。对幸福的适应，也许就像对明暗、味道等感觉的适应一样，是难以完全避免的，但是你仍旧可以通过自己的努力，增强对幸福的感受力，多为所得到的东西感恩，享受它带给你的快乐。

如果想要过得幸福，就要远离“幸福适应症”，要尽量对幸福适应得慢些。人们的一个通病，就是总容易看到自己没得到的、得不到的，而忽略已经得到的。似乎越难得到的东西就越好，而越轻易到手的东西就越没有价值。很多时候，不应该因为愿望达成了，就开始贬低愿望的含金量，而应该客观地肯定自己或者他人为实现愿望而付出的努力，并充分享受美梦成真所带来的快乐。

幸福很多时候也不该是个相对的标准，而应该是个固定的取值。你不仅要学会渴望，更要学会体会，要学会倒退到得到幸福以前的时光中去浏览目前的生活。不要在得到幸福以后，就急不可待地将注意力转移到生活中还不够完美的其他方面，或者急着将自己的幸福升级换代。要知道，欲望永没有尽头，如果一直忙着追求“更幸福”，而不去悉心体会已经得到的幸福，这一生都注定会沉溺在不幸福当中。

当你被毕业论文逼得想骂人的时候，想想你担心考不上大学

时的那种焦虑和渴望；当你为婚礼操劳而烦躁不安的时候，想想你单身时的急迫和寂寞；当你因母亲的唠叨而心烦意乱的时候，想想你只身在外时对家的思念和牵挂。当你抱怨生活的不公平时，要记得，你的忧愁有时是别人的天堂。

幸福，不能想想而已

毋庸置疑，没有人不希望自己过得幸福，但区别在于，有些人将幸福的愿望付诸了实践，而有些人只是坐在那里空想，等着幸福自己来敲门，还时常抱怨为什么别人都获得了幸福，自己却离幸福越来越远。

科学家们做了这方面的实验，他们让被试（参与实验的人员）按照他们的要求做一些有可能提升幸福感的事情，以验证这些方法是否行之有效。与此同时，他们将这些被试分为两组，一组是主动报名来参加实验的人，他们希望能够提升自己的幸福感，所以自愿参与实验；另一组是主试（主持实验的人员）通过各种渠道招来的人，也就是那些相对被动参与到实验当中来的人。研究结果显示，那些对于提升自身幸福感具有主观能动性的人，更有可能通过有效的方法提升幸福感，并且提升的幅度会更大。

幸福不是想一想就能够实现的，它不能依靠乞讨得来，也不能靠运气得到，它确实需要你付出一定的智慧和心力，先找到正确的方法，然后沿着这条道路持之以恒地坚持下去。

做很多事情都是这样，虽然最终得到的结果是美好的，但是过程却是艰辛甚至是痛苦的，幸福也是如此。追求幸福的道路不会那么一帆风顺，有时开始就是艰难的，你需要克服很多心理障

碍，改变自己从前的行为方式；而坚持的过程更是困难重重的，你需要时刻提醒自己，按照正确的方法行事，一次一次把自己带离从前的习惯。

但这确实是获得幸福不可或缺的程序。我们拿“感恩”举例。定期写感恩信，能够提升人们的幸福感，但这对于很多人来说并不容易。他们也许更加习惯内敛的表达方式，不习惯将感恩这种情绪用纸笔表达出来，这让他们觉得做作和肉麻，无论信最终是否寄给当事人，这对于他们来说都是困难的。再比如每天给自己三个快乐的理由，可能做一次两次对于大多数人来说都不是难事，但如果需要长此以往地坚持，每天都腾出一些时间专注于这件事，很多人就会觉得很麻烦，也会经常忘记。

另一个令人们难以坚持的潜在原因是，人们往往会在心里质疑这些方法的有效性。这些提升幸福感的方法猛地听起来似乎是对的，但当人们在生活当中碰触到那些更为鲜活、会立竿见影地影响到自己的情绪的事情时，他们就对这些方法感到嗤之以鼻了。人们会想：“坚持感恩真的能够提升我的幸福感吗？就算真的有用，它又能够提升多少呢？也许我做了半天的努力，还不及一次失败的考试带来的影响直接，一下子就能把我那么长久以来的努力给抹杀了。既然如此，我还费这个劲干嘛？我做的一切可能根本就毫无意义。”

你以为是什么在影响你的幸福？身材？财富？健康？科学研究证明，你所以为会直接决定你幸福与否的这些要素其实只能影响你幸福感的10%。你可能会觉得很不可思议，但它千真万确。曾经有人将美国的千万富翁与他们手下普通职员的幸福水平进行比较，结果显示他们的幸福感相差无几。可能你也和大多数人一样，认为已婚的人会比单身的人更加幸福，但一项包含16个国家的调查数据显

示，有25%的已婚人士和21%的未婚人士认为自己非常幸福。所以，生活环境并不能左右我们的幸福感。

实际上，一个人是否会感到幸福有50%是受基因控制的，也就是说有些人生下来就会比别人感到幸福，每个人都有一个幸福的原点。但这并不是说你就拿自己的幸福感束手无策了，因为幸福感还有40%取决于你的个人行为。由此可见，你努力地追求幸福并非无用之功，它比生活环境能够更加有力和持久地改变你的幸福感。那些你以为会彻底改变自己幸福水平的事情，例如比以前更加富有，遇到心爱的人，或者患上慢性疾病，失去一份稳定的工作，实际上对你的影响都是相对微小的，而你的个人行为，比如你是否经常行善，是否懂得原谅，心中是否奉有信仰，会在更大程度上影响你的幸福感。

所以，你所有关于幸福的坚持都必将有所回报。为幸福去行动，这一条比哪个获取幸福的方法都更为关键和重要。就算我告诉你成千上万个获取幸福的方法，但如果你只是听一听，根本不打算采取行动，我也都是白费力气。而哪怕你只听进去了一个方法，并坚持去做了，你就会收获幸福。幸福从来不会误打误撞，它一定是靠你的努力和坚持得来的。调动自身的能动性去努力获取幸福，这个过程也许是漫长的，有时甚至是辛苦的，但是你会因此而快乐。还有什么是比“让自己变得幸福”更值得去做的事呢？

让幸福变得“无意识”

无意识是一种初始状态，也是一种终极状态。

如果我们希望自己变得更加幸福，或者更加具有正能量，就需要适度地改变自己原来的行为。原来的行为可能已经是我们习以为常的了，比如抱怨生活中的困苦，或者特别容易被生活中那些不开心的事情所影响，而我们现在已经了解了这样的做法或者思维方式并不好，这时我们就需要“有意”地改变自己的行为方式，这个“有意”指的就是将原来对某些事情的无意识反应，提升到意识层面上来，有计划、有目的地改变自己的行为。也许你从前很容易就对得来的幸福感到适应了，或者对那些小确幸不以为意，当你看完这本书以后，发现从前的做法对幸福无益，这时，当你再遇到小幸福的时候，就要刻意提醒自己一下，不要对此满不在乎，要用心去感受它，在此刻多做停留。所有的这一切，都需要你调动自己的注意力，都需要你付出意识努力，这时，你正在有意识地行为。

从无意识转为意识，是你的一大进步，但这并非终极目标，你的最高状态应当是将这些关于获得幸福的有意识努力再次转化为无意识的行为。简单来说，就是要将它们转化为一种习惯。我们前面讲到过，意识行为需要你付出大量的心血和努力，这也是许多人

无法将能够提升幸福的行为坚持下来的原因。但是，如果你足够坚持，就能够飞跃意识的屏障，将所有的行为转变为自动化的加工模式。打一个比方，你刚开始学习织毛衣的时候，肯定是无比认真，浑身紧绷，紧紧盯着手里的针线，每织一针都非常仔细。但是，如果你肯进行大量的练习，并在其中不断寻求进步，过一段时间，你织毛衣的动作就会转变为自动化加工模式了，这时，织毛衣对于你来说会变得轻而易举，你可以一边聊天或者看电视，一边织毛衣。骑自行车也是这样，刚开始学习的时候，你一定会全神贯注，注意观察自己的每一个动作，心里还默念着那些注意事项，但是当你骑得足够熟练了，就会对此驾熟就轻，无须花费意识努力就能够漂亮地完成。

你需要将获取幸福的行为提升到这样的高度，让它融入你的身体和心灵，成为你气质当中的一部分，在你身上出现时显得自然又合理。无意识行为是一种保障，能够令有益的活动最大化，也能够让你变得更加轻松自如，最重要的是，当它成为你的一部分甚至成为你的标签的时候，你因此所获得的正能量将会是由内而外散发出来的，它能够在最大程度上帮助你，也更容易感染到其他人。

将有意识的行为转变成无意识的行为并没有什么奥秘，也无法投机取巧，一切就在于坚持，持续不断地去做，不放弃任何一次机会，不偷一次懒，慢慢地，你就能够全面地掌握这种行为，曾经刻意的行动就会转变成一种能力，一种习惯，镶嵌在你的身体里，成为你人生中非常珍贵的一块宝石。

为幸福努力付出是一个过程，在这个过程当中，你一定会遭遇到坎坷，甚至会有想要放弃的时候，但只要你肯继续坚持，就会逾越瓶颈，达到一个新的高度。当你到达这个高度以后，一切

就会变得非常简单，你就能够将付出多回报少的局面转变为付出少回报多的局面，并且这种改变是一劳永逸的，你将受益终身。你一定会为自己曾经的坚持感到庆幸和骄傲，因为这所有的付出都是物超所值的。

第六章
心理资本是正能量的高度浓缩

【本章导读】

- 不可不知的心理资本
- 自我效能：指向自我的信念
- 希望：对梦想锲而不舍的精神
- 乐观：对世界积极的归因
- 韧性：从悲喜中复原的能力
- 幽默：倒过来看逆境
- 情绪智力，别丢了你的另一只手
- 真实性：撕掉虚伪的面具

不可不知的心理资本

没有人质疑人力资本的重要性，它是指通过教育、培训、实践等方式凝结在劳动者身上的技能和学识的总和，它反映的是“你知道什么”或者是“你会什么”。如果想做成一件事情，想在这个社会中生存与发展，就离不开一定的人力资本，你的知识和技能有时决定了你能够去做什么，在社会上承担什么样的角色。而在当今这个社会，除了人力资本以外，社会资本也变得越发重要。社会资本是指人们在社会结构中所处的位置给他们带来的资源，可以简单理解为我们平时所说的人脉，它反映的是“你认识谁”。在某些极端时刻，人脉就是方法，就是财富，就是成功之道。人力资本和社会资本都非常重要，但是近十几年来，科学家又提出了一种新的资本——心理资本，并认为它超越了现有的人力资本和社会资本。

心理资本这一概念是由管理学家路桑斯提出的，它指的是个体在成长和发展过程中表现出来的一种积极的心理状态，它反映的是“你是什么样的人”。积极的心理状态有很多，并非全都是心理资本，那么到底哪些才属于心理资本的范畴呢？管理学中对此有严格的界定，从目前的研究来看，心理资本至少包含自我效能、乐观、希望和韧性这四个维度，除此以外还有一些潜在的维度，例如幽默、情绪智力、真实性、主观幸福感等，经过不断地科学研究，这

些积极构念很有可能在将来被纳入到心理资本的范畴当中来。我们将在这一节当中，与大家一一分享心理资本的这些维度。

严格来讲，心理资本属于积极组织行为学的范畴，它更多的是在研究人们在工作场所中的表现与相关状态。所以在本节中，我们更多地是去关注心理资本这种正面能量如何帮助我们在工作领域表现得更为出色，但心理资本对我们的影响绝不仅限于工作领域。路桑斯认为，相比较之下，心理资本是一个更全面、处在更高层次上的概念构架，从某种程度上来讲，它甚至囊括了人力资本和社会资本，因为人力资本——你的知识、技能、专长以及经验，是你能力的一部分，而你的能力也是在反应“你是什么样的人”。同样，心理资本也包括群体层面的一些概念，如社会资本当中的社会支持和关系网络，这些也可以被看做是“你是什么样的人”的一部分。不仅如此，心理资本还包含了一些人力资本和社会资本所忽视的东西，而这些东西又恰恰是对我们非常重要的，那就是“你在成为什么样的人”，也就是说，心理资本还包括了从现实自我向可能自我的转变，它关注于人的潜能。

每个人都希望自己拥有高水平的心理资本，但是，即使你的心理资本水平并不令你满意也不必气馁，因为心理资本还有一个非常重要的特质，那就是它具有可开发性。也就是说，无论你目前的心理资本水平如何，你都有办法提升它，它并不像人格那样难以改变。

必须加以说明的是，心理资本虽然包含多个维度，但它并非这些维度的简单相加。换言之，心理资本是一个整体性的概念，它能够以一种协同的方式发挥作用，这种作用远远大于各个维度所产生的能量之和。所以，我们不仅要从各个维度出发，力求深入和具体地了解心理资本，还必须从整体出发，去了解和领略它的全貌，让它以一种更为宽广深厚的方式对我们产生积极的影响。

 自我效能：指向自我的信念

心理学家塞利格曼曾经用狗做了一项经典的实验：他让实验人员将狗关在笼子里，然后对其施以电击，这种电击不会伤害狗的身体，但却足以使它感到痛苦。刚开始对狗进行电击的时候，狗会反抗，四处乱窜，积极地寻找出口。但是几次重复的电击之后，狗开始感到绝望，它认为自己没有可能逃出这个笼子了。于是，当再次对它施以电击的时候，它不再试图逃跑，而是选择默默地承受疼痛。后来，工作人员先将笼子打开，再向狗施以电击，可它依旧不跑出笼子，而是倒在地上呻吟和颤抖。显然，狗对自己逃离笼子已经失去了信心，塞利格曼将这种现象称之为习得性无助。

类比到人类身上，这种状况也时有发生。当我们遭遇了连续的失败之后，会开始对环境感到无能为力，对自己感到失望，开始想要放弃一切努力，即使大好的机会摆在我们面前，我们也不想再次振奋精神去努力了，因为我们已经彻底丧失了信心。

有时候可怕的，不仅仅是我们不相信凭借着不懈的努力，自己能够成为什么样子，而是我们怀疑自己已经成为的样子。我们弄丢了自我效能感。

自我效能感是指人们对自己能够完成某一特定任务的可能性的估计。简单说，就是对自己“能不能行”的一个估计。我们在没开

始行动之前，都会对这件事的结果有一个大致的判断，而判断的一个重要依据，就是自我效能感，就是我们认为自己能不能做得来，认为自己有没有能力完成这件事。

自我效能感对于我们每个人都异常重要，它能够调节和控制我们的行为，并影响最终的结果。高自我效能感的人更可能为自己设立高的目标，选择更具挑战的任务，当然，就有可能取得异常的成功，获得飞跃式的进步。相反，低自我效能感的人无论做什么事情都会畏手畏脚，因为他们总觉得自己不行，又非常害怕失败。在选择任务的时候，他们更倾向于选择相对容易和轻松的，这就使得他们的进步迟缓甚至长时间停步不前，更难以获得令人瞩目的成绩。

高自我效能感的人更勇于面对困难，因为他们认为自己有克服困难的能力，这种对自己乐观的预期将会衍生出一种勇气，而这种勇气会带来更多对结果有利的行为和举措。相反，低自我效能感的人总是容易被困难所击败，有时都谈不上击败，因为他们根本没有勇气与困难交锋，直接就被困难吓倒了。所以，他们不大可能为目标付出努力，他们会认为即使付出再多也是白费力气，因为自己根本没有战胜困难的可能。

这种低自我效能感会分散人们的注意力，因为总是担心做不好，所以就会紧张焦虑，以至于将太多的时间放在了对失败的顾虑上，如此分心反而会使导致行动的失败。我们都看过体育比赛，也可能亲自参与过一些体育项目的角逐，当运动员在场上比赛的时候，如果总是分心想着如果输了怎么办，成绩势必会受到影响。但如果充分相信自己的能力，全身心地专注于自己要完成的动作，就更可能取得圆满的结果。

高自我效能感是一种正能量，它不仅会影响你对自己的判断，同样也会影响别人对你的判断。你对未来的肯定和对自己的信心会

帮助你取得他人的信任和赞扬，而他人对你的信任最终又会传递回来，影响你对自己的判断，加强你的自我效能感，帮助你取得好的成绩。反过来亦然，如果你对自己缺乏信心，别人会说："叫我怎么信任他呢？连他自己都不相信自己！"这种失望和不信任又会再次折射到你身上，让你更加气馁。这是一个可怕的恶性循环！

对于提升自我效能感，没有什么比成功更为有效的了，最重要的方法就是让自己不断尝到甜头。你要给自己一个循序渐进的过程，先从比较简单的任务做起，这样你就更有可能取得成功，有了成功带给你的信心，你就有可能攻克下更有难度的任务，这样，你的自我效能感就在不知不觉中逐步提高了。

你还可以多向榜样学习，当很难亲自体验成功的时候，这不失为一种好方法。如果你正打算做一件从来没有做过的事情，并且心里觉得很没底，就可以多去观察那些成功者的行为，从他们那里获取信心和经验。别人的成功对你而言是一种鼓励，而对别人的取胜方法和行为过程的了解，能够帮助你制定出自己的行动方案，一旦有了具体的方法，你就会信心百倍，发觉事情并没有你想象中那么难，自己也没有想象中那么差！

当你缺乏自信心的时候，他人的认可和鼓励可谓是一针强心剂，足够让你的心从阴转晴，从自我怀疑转为自信。那么，如果需要的话，就去主动"求安慰"吧！向你的家人和好友要一点信心！告诉他们："嗨，我对做这件事没有把握，你觉得我能成功吗？请给我一点信心吧！"你的朋友一定会乐于给出积极的反馈，为你加油打气，这时你的身体里一定会充满能量！

一个人缺少什么都不能缺少自我效能感，因为它的缺失，将阻碍你认清自己，并使你失去所有成为更好的自己的机会。

希望：对梦想锲而不舍的精神

什么是希望？大多数人将希望理解成是一种强烈的愿望，或者一种乐观的精神。而我们所指的心理资本当中的希望与我们日常所说的希望却有所区别。

希望并不只是愿望，它还包括支撑这个愿望的具体计划和目标。举一个例子来说明。你希望能够在明年的部门经理竞选中胜出，实际上，你认为自己必须获得这个职位，因为这个平台能够给你更多的资源来发挥才干，并且，你的房贷使你的生活变得拮据，你真的非常需要这份丰厚的薪水来缓解生活的压力，所以，你的愿望确实非常强烈。但如果仅仅如此，你还算不上充满希望。你还需要为此付出努力，找到从众多候选人中脱颖而出的方法，并沿着这条路径不断前行，当这些方法被证明行之无效的时候，不气馁，立即拿出备选方案，调整路线，直到成功为止。

希望是成功的动因加上具体的行动路径。成功的动因是指你所设定的现实而又具有挑战性的目标，以及你为达成这个目标所付出的能量、决心和内控的知觉。路径则是指你为实现目标而制订的计划，以及当原有计划失败后的替代方案。这才构成了完整的希望。

如此一来，在生活中抱有希望的人就比我们以为的要少了，因为这个定义比我们想象的要苛刻得多。但是，那些拥有“真”希望

的人确实更容易成为成功者，因为他们具有感性和理性双重支持管线——对成功的渴望是感性的，而具体的实施方法则是理性的。他们并不是对生活徒有一腔热情，一切不是空想，不是说说而已，而是为此做了充足的准备，已经咬定了目标。这样，当他们遭受失败的时候，才不会一下子感到头晕脑胀，轻言放弃。他们对成功路径的思索与掌握，将赐予他们异常的冷静与坚忍，让他们敢于面对挑战与失败。俗话说“不打没有准备的仗”。有准备的人总是能够走得更远，更有可能顽抗到底，最终迎来胜利的曙光。

想要让自己充满希望，确立合理的目标是关键。首先，目标必须能够调动你的主观能动性，也就是说，它必须是你真心希望实现的目标。如果这个目标是别人硬塞给你的，或者对你而言并不是很重要，它就没有办法给你强大的行动动力。

另外，内在的目标要好于外在的目标。就拿工作来说，如果你的目标是“成为公司的销售冠军”，或者“得到最为丰厚的奖金”，虽然这也不错，但是肯定不如“在工作中获取新知”，或者“超越从前的自己”来得好，内在的目标会带给你更为持久的动力，这类目标的实现也会使你真心的喜悦。

就目标本身而言，它最好是具体且可测量的，具有挑战性但又可实现的。较为具体的目标不仅能给你带来行动的动力，还方便你寻找行动的方法，而可测量的目标可以帮助你实时监控自己的进度，这有助于你对行动方案及时作出评估与调整。具有挑战性但又可实现则是一个目标最好的高度，如果一个目标太缺乏挑战性就会显得索然无味，无法激起你的斗志和欲望，更不要提挖掘你的潜力了。但如果目标的挑战性过大而失去了实现的可能，它最终带给你的就只会是失望，甚至是自我效能感的丧失。蹦一蹦能够到的高度是最好的。

除了目标外，你还需要重视实现目标的途径。你最好不要对实现目标的某个途径过于执迷不悟，或者说，你最好不要只有一个途径。当实践已经充分说明“此路不通”的时候，就要果断作出决策，转向更有可能成功的途径。在平时的生活中，要注意知识的收集与积累，有时“不经意”之间的一个发现会成为你成功的重要因素，除了凭借自己以往的经验和借助他人的帮助寻求可靠的路径外，你还可以选择从相关的文献和专业书籍当中寻找灵感。

我们要对生活保有希望。这份希望，并不仅仅是一个心愿，一份坚守，一种热情，更是富有智慧的行动，唯有当动力和路径并存的时候，你的梦想才有可能成真，所有的希望才不至落空。

 乐观：对世界积极的归因

王涛和程楠是相识多年的同事，他们在一家电子公司奉职多年，不幸的是，近年来公司效益不断下滑，无奈之下只得大规模裁员，王涛和程楠都在裁员名单之列，但两人对此事却做出了完全不同的反应。王涛认为自己被裁掉并不是因为自己的能力有问题，而是公司的整体环境所致，这是个偶然事件，不会一直伴随自己的职业生涯，没有必要为了这件事情而感到懊恼，下一份工作也许会更好。程楠可不这么认为，他觉得这都是自己的错。裁员不等于公司倒闭，毕竟还有人留了下来，自己却在裁员之列，这足以说明自己不够优秀，也许公司的业绩下滑也与自己有关，他感到万分沮丧，觉得再也找不到比这更好的工作了，因为自己的能力有限，也许无论走到哪里，最终都会被公司抛弃。

小雅和花花是一家广告公司的创意负责人，有一天领导把她们俩同时叫到办公室，交给她们一人一个大案子。两个案子的甲方都是她们得罪不起的大客户，案子非常急，要求非常高，下周就要向客户提案，两人都非常紧张，立即投入了工作。最终，两人提案的结果都异常的好，不仅全票通过，还获得了客户的赞扬，领导非常高兴，组织全部门聚餐为两人庆功。花花非常得意，她认为提案的成功有赖于自己的努力付出、经验的积累和出

众的创造天赋，所以这种成功几乎是必然的，并且会延续到以后的工作当中。小雅却有不同的想法，她认为这次的成功主要应该归功于公司和甲方长期合作所建立起来的良好关系以及信任，案子的主要创意是同事贡献的，所以同事的付出也功不可没，如果不是因为这些原因，也许这次提案就将遭遇失败，所以庆功宴上她有点儿小忐忑，甚至觉得有点儿受不起，因为她觉得这次的成功纯属“意外”，如果下次没有这些外界因素的支持而导致自己失败了，她该如何面对领导的期望呢?

在积极事件上，花花是乐观的，而小雅则是悲观的；在消极事件上，王涛是乐观的，而程楠则是悲观的。心理资本当中所指的乐观，与我们在日常生活当中所提及的乐观并不相同。我们平日里说一个人乐观，多是指这个人很看得开，凡事都不放在心上，心态比较积极。而心理资本当中的乐观指的是一种归因风格，也就是当你遇到一件事情时，倾向于将这件事情发生的原因归结为什么。如果你总是把成功归结为自身的、持久的和普遍性的原因，而把失败归结为外部的、暂时性的以及与情境有关的原因，你就是乐观的。相反，如果你总是将成功归结为外部的、暂时性的及与情境有关的原因，而将消极事件归结为自身的、持久的和普遍性的原因，你就是悲观的。

不难理解，乐观可以激发出大量的正能量，它能够帮助你增强自信、摆脱困境，并对生活充满热情。但是，我们所说的乐观应该是现实而灵活的，也就是说，你的乐观应该基于客观现实，而不应该是不顾真相的偏执。你要善于发现事物当中的积极因素，并乐于肯定自己的付出，但这并不意味着就要去否定自己的失误或扭曲环境因素的作用。就像我们提倡寻求正面能量，但并不会因此就去否定这个世界也存在负面能量一样。

要保持乐观，就要学会包容过去。不要深陷在过去的失败中无法自拔，要承认事情当中不可控因素的存在，学会对自己释然。如果钻进牛角尖里不肯出来，或者无法面对从前的失败，执意将所有问题都归结在自己身上，就会自此失去前行的勇气。毕竟，过去的已经过去了，再怎么懊恼再怎么悔恨也无法改写历史，但现在和未来还是你的，只要你肯继续前进，就还有将功补过和翻身的机会，但如果你决定从此就住在过去的失败里不再出来，你就注定永远是个失败者。

除了包容过去，你还要学会珍惜现在。想做成一件事情，不仅需要压力，还需要动力。无论情况多么不堪，也要学会从中看到积极的方面。挑战有时只是带着面具的机遇，两者的转换有时就在一线间，关键在于你如何去看待和认识它。如果你善于看到艰苦中的进步，挫折之中的知识，压力当中的机会，你就更有可能坚持不懈，在良好的状态中走到最后。

自我效能是行动之前对自己的预期，而乐观是行动之后对事件原因的回顾与分析。我们需要学会的，是在客观和理性的基础上，尽量相信和肯定自己，并从中寻找前进的动力。乐观的解释风格，能够助你从成功中获得自信，在失败时快速走出阴霾。包容过去不是为了包庇自己，珍惜现在也不是为了逃避行动，两者皆是为了给自己的未来打开一扇门，寻求更多更好的机遇。

韧性：从悲喜中复原的能力

保持常态是一种卓越而实用的能力。没有人能够完全躲过生活的高潮与低谷，不说人人都必须面对的生老病死，就是被公司开除、被爱人背叛、被朋友出卖、被商家欺骗这样的事情每个人也总会遇到几件。不止这些负面的事情，结婚生子、升官发财、金榜题名这些会令我们异常兴奋和惊喜的正面事件也会将我们带离日常轨道，让我们体验到和平时不一样的心情。那么，你的心是否具有“弹性”呢？在你偏离了正常生活之后，是否有能力重返轨道呢？这，就是我们所说的韧性。

韧性是指人们从逆境、冲突和失败中，甚至是从积极事件、进步以及与日俱增的责任中快速回弹或恢复过来的能力。具有韧性的人，不会因为失败而一蹶不振，也不会因为成功而得意忘形，他们有能力从悲喜当中恢复过来，多少有点儿宠辱不惊、淡定从容的意味。

我见过很多人，都败在缺乏韧性上。实际上，他们并不缺乏天赋，也并非不够努力。但是由于他们经历过的失败和挫折太少，又或者是因为对自己的期望过高，他们无法接受失败的结果。一次失败，就要了他们的命，就足以熄灭他们全部的斗志和希望，从此再也没有了努力拼搏的劲头，开始了得过且过的生活。其实，谁的生活都不可能是一帆风顺的，因为缺乏经验、因为环境不予支持、因

为偶尔的失误而导致失败并不是什么罕见之事。这些失败不过是他们生活中无足轻重的一笔，如果他们能够走出来，多年后回过头去看的时候，只会觉得这是一次不大不小的人生历练，再寻常不过，再正常不过，但是因为韧性的缺失，他们没有了轻松地“回头去看”的机会。

在校园里上演过很多令人惋惜的悲剧。一些成绩特别优异的学生从自己的家乡考到著名的学府去学习深造。他们在当地的省城可能都是数一数二的，有的人甚至从来没有考过第二名，一直都是冠军，能够击败所有的竞争对手。但是当他们来到人才济济的高等学府后才发现，与他们一样出色的学生其实大有人在，他们的考试成绩从原来的第一第二一下子滑落到中等水平，甚至排名垫底。有些人受不住这样的挫折，选择了结束自己年轻的生命。

缺乏韧性，将会使你难以从激烈的事情——特别是失败当中复原，你的生活会被轻而易举地摧毁，这不是我们应该持有的生活态度。你必须利用你的心理资本，发挥强大的正面能量，让自己尽快从每一次苦难与痛苦之中恢复过来。

一个人有多成功，就说明他曾经有多伤痛。成功与痛苦、压力往往是成正比的，划着一条直线而来的成功是不存在的。“吃得苦中苦，方为人上人”，若想比别人更强，就一定会经历凡人所不必经历的痛苦，那些非凡的、巨大的苦难能够磨砺你的意志，给你不断向上攀升所必须具备的经验和智慧。而生活中那些相对常见的困难也能够给你带去不少好处，曾经有人将人们面对危险的过程比喻成免疫的过程，“这一免疫过程通过使人患上轻微的疾病，从而使人们获得长久的力量、耐力和抵抗力”。就如同人们的身体一样，平时偶尔有一些小病小灾不一定就是坏事，它能够使你的身体对病毒产生免疫力，从而防止重大疾病的出现。

所以你真正需要做的，不是畏惧与退缩，而是利用自己的一切资本去面对问题，尽快从困境与失败中走出来。这资本，包括你的人力资本和社会资本。曾经有学者指出，“一个人的认知能力、气质、忠诚、自我调节、积极的生活观念、吸引力等都能够对提升韧性作出贡献”。同样，你的社会资源——家人、朋友、领导、老师也可以帮助你从失败中恢复过来。

失败总是与成功相伴，欢乐总是出现在痛苦之后。如果想取得骄人的成绩，就不能害怕跌倒与犯错。你必须用你的韧性去抵御人生的燥热与寒冷，绝地反击，是你对待失败最好的方式。

幽默：倒过来看逆境

幽默实际上是个外来词，由英文“humor”音译而来。而这个英文单词又是来源于拉丁文，本义是“体液”。古希腊的医师希波拉底提出了著名的“体液说”，他认为人的肌体是由血液、黏液、黄胆汁和黑胆汁这四种体液组成的。人们会抑郁是由体内的黑胆汁过盛所致，解决的办法就是开怀大笑。

如今，我们对幽默这个词都不再感到陌生，却很难对它做出明确的定义。到底什么是幽默？它究竟是一种外露的夸张，还是一种内隐的智慧？目前有一种相对全面的观点，将幽默划分为三个维度：顽皮的赞扬与娱乐，人为地创造一种不协调，这种不协调令人发笑；镇静、愉悦地看待逆境，从而能看到事物好的一面，并因此保持好的心情；使他人微笑或者大笑的能力。

无论是在工作场所，还是在生活的其他领域中，我们都喜欢幽默的人。我们通常认为幽默的人是乐观的，向上的，也是聪明的。这样的人能够带给我们快乐，并且通常富有极强的人格魅力。当你认为一个人是幽默的，即使他什么都不做，或者你只是在脑海中想到他，都会情不自禁地笑出来，可见，幽默的人是多么讨人欢心。幽默的发出者和接收者都会因此产生积极的变化，发出者能够收获良好的社会资本，得到人们的爱戴和赞许，而接收者能够获得好心

情，对生活产生更为积极的态度。不仅如此，幽默被证实与高工作绩效有关，领导者亦可以利用幽默来降低社会距离感，消除紧张情绪，从而使管理更加有效。可见，我们欢迎幽默，也需要幽默。

但幽默总是好的吗？这要看我们如何划分它。有人将善意的幽默与风趣区分开，认为善意的幽默包含更多的同理心、宽容和仁爱，而风趣则可能是粗鲁的、讽刺的和无礼的。不管如何划分，我们都并不欢迎那些带有攻击性的幽默。当一个人的幽默带有侮辱和取笑的成分，他就不再是受欢迎的人了，而会是大家争相躲避的对象，人们会认为他不懂得尊重他人，甚至是粗鄙下流的。

受人欢迎的幽默通常是充满善意的，或者是富有智慧的，自嘲就是其中的一种。自嘲能够帮助人们缓解压力，将自己以及周围的人从尴尬的气氛当中解救出来。想要自嘲就必须足够宽容，还需要一定的勇气，不是每个人都敢于或者愿意拿自己的不幸和错误开玩笑，但它确实常常起到出人意料的效果。其实，完全没有必要担心自嘲会降低你的水准，或者让自己的缺点变成人们的笑柄，相反，自嘲会使人们认为你很亲和、谦虚，没有把自己看得过于重要，也没有把错误太挂记在心上，好像圣人般从不犯错也不容侵犯，自嘲能够反映出你过人的机智和豁达的人生态度。

无论是遇到好事、坏事还是平淡之事，我们都可以幽默一把，但最高贵的品质还是善于在逆境之中幽默，在错误之中自嘲。绷着脸也不能解决问题，倒不如拿问题来开个玩笑。我有个朋友，非常年轻就患了癌症，但她并没有因此就不苟言笑、愁眉不展。有一天在电话中我问起她的近况，她跟我说她瘦了，正当我不知道该如何接话的时候，她幽默地说道：“其实我从前就不胖，之所以体重会那么沉都是因为那个肿瘤太占分量，现在我把它切了，我的体重就减下来了！”我一下子笑了出来，接下来我们的谈话气氛都是轻松

而愉快的。挂了电话之后，我被她的勇敢所感动，更被她的达观所深深震撼。她的幽默和无畏令我大受鼓舞，我在想，她患了癌症都没有怨天尤人，都没有因此一蹶不振，我有什么理由哭丧着脸面对人生呢？我因此获得了许多正面能量！幽默的背后，蕴藏着一种正向的人生观，因为如果你不够积极，就无法从平常事件甚至是悲剧性的事件中提炼出笑点。所以，幽默，有时就是倒过来看逆境，就算你心情不好，就算你正处于重压之下，你也不妨试着用幽默的方式讲述悲伤的事。因为无度地哭泣只会让悲伤变得更为悲伤，而幽默和自嘲至少能够缓解悲伤，给予你轻松看待逆境的视角。这是一种积极的生活态度，更是一种过人的智慧。

情绪智力，别丢了你的另一只手

有一家研究机构研究分析了一些失败高管的案例，分析结果显示，他们之所以会失败，是因为缺乏情绪智力，而并非缺乏技术能力。

情绪智力越来越广泛地影响着我们的生活表现，并且超越许多因素决定着我们的成功与失败。一个情绪智力很高的人，会赢得大家的爱戴和关注，会拥有更广阔的资源。而一个情绪智力较低的人，即使他的技术能力再高，也可能出现“无人问津”的状况，因为人们会不情愿与这样的人合作。技术能力就像是商品，而情绪智力就好比是物流，买家在决定购买哪件商品以及在哪个商家购买的时候，不仅会考虑商品的成色，还会考虑物流是否给力。如果一个人的专业能力非常卓越，但是频频在沟通与交流等环节出现问题，使得专业能力总是起不到应有的作用，买家也会感到沮丧，并会尽量避免这样的合作。

情绪智力已经日益受到人们的关注，它被定义为准确地感知、表达、理解、使用和管理自己和他人的情绪，以促进认知、情绪及社会交往成长和发展的能力。简要地说，就是你能不能很好地认识和表达自己，能不能很好地理解他人，并与他人友好亲密地交往。情绪智力的重要性相信每个人在生活中都有所感触，与情绪智力高

的人交往，人们会觉得很轻松，不费力，并且自己想要表达的东西能够被他人准确地理解是一种快乐的享受。相反，没有人喜欢“鸡同鸭讲”和“秀才遇到兵，有理说不清”的恼人状况。在工作领域中，情绪智力还在很大程度上决定着人们的工作业绩与成功程度。有研究指出，无论在何种规模的组织、何种管理层级以及何种民族文化中，情绪智力都占到了组织所重视的关键能力的三分之二。而在更高级别的专业职位和管理职位当中，对绩效有突出贡献的七个能力中有六种都是情绪智力。这也正说明了为什么越来越多的公司在招贤纳士时，不仅会看重人才的学历、专业能力和工作经验，还会特别看重一个人的情绪智力，关注于他的表达能力、沟通协调能力以及社会交往能力。

由此可见，提高情绪智力已迫在眉睫。实际上，我们本书当中提到的很多内容都能够帮助你提高情绪智力，比如如何去认识自己、悦纳自己，尽量多向他人微笑，学会感恩等。接下来，我们再共同来学习一些更具针对性的方法。

如果你希望拉近与他人之间的距离，沟通绝对是关键。我们一谈到沟通，就会想到该如何诉说自己的想法，其实在沟通中倾听也非常重要。有时我们恰恰缺乏的就是倾听的能力，我们太喜欢表达自己的观点，有时甚至是强行将自己的想法灌输给别人。倾听更能显示出我们的友善，对他人的关心和尊重，同时也能使我们看起来更加成熟与开明。倾听他人时，身体应适度地前倾，全神贯注，与对方做适当的眼神交流，并适时用点头等方式作出回馈，这样人们会认为你很重视他的表达。

当你与他人进行交流时，如果一时还没有想好该如何回答与回应，可以试着放慢你的反应速度。你可以在作出回应前，先用重复或总结对方的发言等形式，确认对方的表达含义，这样你会被认为

是认真和礼貌的，同时能够给自己创造出一些思考的时间。慢一点总比出尔反尔、说错话要好得多，要尽量让自己显得沉稳，而不是慌张和浮躁。

你可以选择阅读一些告诉你如何提升社交能力的书籍，用理论知识和他人的经验来帮助自己提升情绪智力。但必不可少的方法还是多与他人进行实际接触。无论如何，不要总宅在家里，多与他人进行面对面的交流，锻炼你的语言技巧，观察他人的身体语言和面部表情，熟能生巧，多在实践中锻炼自己的情绪智力势必比闭门造车更为有效。

在与他人交往的过程中，有一条法则你必须遵循，那就是换位思考。当你想要安慰他人、鼓励他人、给别人提建议时，又或者只是做简单的交流之前，都先想一想，如果这件事发生在你的身上，你会是什么样的心情？如果别人向你说出这样的话，你又会作何感想？“己所不欲，勿施于人”。奉献你喜欢的，收起你厌恶的。具有同理心，能够对他人的处境感同身受，这是所有高情绪智力者的共同特征。

如果希望获得事业上的成功，同时在生活中成为受欢迎的人，情绪智力显得至关重要。理解世界万物，运用的是传统智力，而去了解自己和身边的人，运用的则是情绪智力，你的这两只手不可偏废。

真实性：撕掉虚伪的面具

在这本书当中，我们已经反复提到了“你是谁”这个话题。之所以会反复提及，正是因为它有着不可忽视的重要性，它是人们遇到的许多问题、产生的许多心病的症结所在。你是否知道自己是谁？是否清楚知道自己的样子？你每天是否都在用最真实的自己生活？你是不是已经习惯了掩饰自我？你是否至少在只面对自己的时候，还能够还原真实的自我？

真实性是指一个人拥有真实的个人体验——不管是思想、情绪、需求、偏好或者信仰，因而能够根据真正的自我行事，采用与内心想法和感受一致的方法来表达自己。不夸张地说，人们正面能量的流失以及负面能量的迅速膨胀，与缺乏真实性大有关联。人们有时太过在意他人的看法和社会对自己的接受程度，为了博得他人的认可与喜爱，获得所谓的成功，会刻意压抑自身真实的想法。再者，人们的功利心越来越强，越来越在意对物质的获取和对权利的占有，而心灵性的东西则被长期忽视与贬低，于是，人们不认为用牺牲真实的自己去换取一些社会财富有什么不对或者有什么不好。还有些时候，人们为了不被大众所孤立而选择从众和随波逐流，以求走进人群当中与他人保持一致，从而能够拥有支持者以及“同伴”所赋予的安全感。当然，还有些人不

去做真实的自己，完全是因为连自己都无法喜欢和接纳真实的自己，所以他们情愿将“真实而丑陋”的自己隐藏起来，而用某种近似于表演的方式去生活。

任何出自非真实情感、处在非自然状态下的行为都要耗费额外的心力，长期不以真实面貌示人，势必会使人感到心力交瘁，痛苦不堪。即使在短时间内，人们通过伪装和掩盖真实的自己收获了一些外在的东西，但长期带着面具生活，终会使人变得麻木，不会真心喜悦，并开始遗忘自己的本来面目和情感初衷。真实的生活能够为人们换取货真价实的快乐，而有所掩饰的生活所换来的快乐也将是大打折扣的。

真实性能够给人们带来诸多益处。在工作中，它能够帮助人们增强对工作团队和组织的情感以及满意度，它还能增强人们之间的信任感，并使人产生良好的情绪。真实性也总是与人们的自尊、积极情感和希望联系在一起，由于它对心灵起着促进和按摩的作用，所以能够使人们的精神世界更具活力。

活得真实是一种正确的生活态度，但它的真正含义常常被人们所扭曲。很多人将“真实的自我”静态化、单一化了。甚至有人拿“按照自我的真实意志生活”当做不考虑他人感受、不思进取的幌子。实际上，按照真实的自己生活是一个不断提升自我的过程，是一个让现实的自我不断逼近可能的自我的过程。领导学和认知心理学都认为，人们并非只拥有一个自我，而是拥有多种自我：现实的自我和可能的自我。人们又不只拥有一个现实的自我和一个可能的自我，因为人们在生活中都扮演着多个角色，拥有多重身份。所以，我们不能将“按照真实的自我去生活”简单等同于按照某一个自我去生活。对它真正到位的理解，应该是像管理学家路桑斯所说的那样：“人们并不仅仅需要去‘发现’藏于某个地方的、真正

的、现实的自我，还需要利用自我意识、自我调节和自我开发的能量，去实际地理解现实自我的优势和不足。然后，再努力去探索，去平衡现实的自我和可能的自我，以期充分发挥自我的潜力。当一个人逐渐为一个所期盼的、富有挑战性但有潜力实现的可能自我而努力时，现实的自我就会去适应、成长和发展，理想的自我最终会转变为真正的自我，这样，真实性就得到了开发。”

没有必要将生活不断复杂化，生活其实可以很简单，你只需喜欢自己，按照本心去生活，并努力将理想中的那个自己变为现实。

第七章
让正能量助长心灵

【本章导读】

- 强大你的内心
- 别太早关上一扇门
- 被需要是一种幸福
- 爱不是迎合别人，而是取悦自我
- 用倾诉治愈伤口
- 尊重你的天性
- 让原始的生活方式给你正能量
- 理想并非高不可攀
- 正常不可耻
- 让独处变得不孤独

强大你的内心

相貌倾国倾城、名牌大学出身、才华横溢或者身价上亿，这些都是值得幸福和骄傲的事。但，相貌出众的美女犯案杀人，名牌大学学生跳楼自杀，知名艺人患上抑郁症，大企业老总步入监狱，这样的事情却屡屡发生。这些本来应该鲜活美好的生命，却纷纷凋零。难道他们过得不够好吗？到底发生了什么样的事情使得他们走向了人生的极端和绝境？

这个世界上奇怪的事情越来越多了，因为几句话不和就将对方捅死，因为别人的几句辱骂就跳楼自杀，因为追求不到就向对方泼硫酸，因为没有考上理想的大学就离家出走……诸如此类的悲剧时有发生，人们不禁惊呼，现在的人到底是怎么了？怎么就变得这么行为异常、不堪一击了呢？

全是因为他们没有一颗足够强大的内心。一个人无论拥有什么，拥有多少，无论他拥有的是上天赐予的，还是后天努力而得的，如果没有一颗强大的内心做支撑，没有健康的心灵做支架，就全是枉然。所有的获得，很有可能在一瞬间化为乌有，甚至拥有得越多，就崩溃得越快。越来越多的家长慢慢醒悟，孩子学习成绩再好，长得再漂亮，都不如有一个健壮的身体和一颗健康的心灵。

内心不够强大的人，容易被困难击败，被诱惑腐蚀，也容易被

成功冲昏头脑。而内心强大的人，即使过得平凡，没有充裕的物质条件，没有过人的相貌或才能，依旧会过得喜乐、充实、美好，因为他们内心充满宁静和温暖，充满欢乐和爱。实际上，一个人是否具有生活的智慧，与他的外表、学历、成就全无关联。

若想让自己的内心变得强大，就要让它充满正面能量，消除负面能量，就要对人生有更开阔的视野，对人性有更宽容的态度，对自己有更正确的把持。要在日常生活中，一点一滴地修正自己的行为，多做对自己有益的事，远离负能量的陷阱。除此以外，还要树立正确的人生观和价值观。要敢于正视自己的全部，为自己设立做事的原则和底线。除了最起码的生活以外，还要花更多的时间内省，进行自我的精神建设，为自己设立高于仅仅是舒适地活着的目标，在意自己心灵的成长和精神的进步，不放弃自己的理想和梦想，不轻视自己的存在，也不敌视他人的存在。

在这一章里，我们会格外关注你的内心，并试着让它变得更加强大。因为相貌、财富、地位、权势，都是外在的东西，而所有的外在都要通过内在起作用。如果没有积极、正确、强大的内在，外在只会将人引向歧途，或者叫人无法承受。人生，归根结底，是在追求幸福，追求有意义的生活，而不只是单纯的感官享受。

别太早关上一扇门

人们的生活像是四倍快进的电影，让人眼花缭乱，却不解本质，听不到台词，也看不清彼此脸上的表情。人们被时间追赶，被结果导向，被利益驱使。似乎做任何事情，都需要快速反应，快速决断，快速执行，或者，快速放弃。

人们的生命在不断延长，可能性却在不断缩短。人们不停忙碌，却感觉毫无所获，因为人们一直在掰玉米棒，理想、事业、爱情，生活中所有的一切都是玉米棒，人们不断选择，可一有不对劲便迅速放弃，开始寻觅下一根可能更有价值的玉米棒，到头来，毫无成就，只有狼藉一地的玉米棒。

人们浮躁，混乱，也迷茫。闲庭散步都成了难得的奢侈，陪伴家人都需要抽空。人们不断树立目标，学习时间管理，紧凑安排行程，到头来，却发现自己无所坚持。

人们太过急功近利，急于求成。立下一个理想，两年没有达成就开始怀疑它的正确性。“是不是当初的选择是错的？这条路根本走不通，放弃吧，也许现实一点对自己会更好”。

得到一份工作，不到半年，就觉得苦不堪言。“这个行业似乎并不适合我，领导对我也有偏见，也许我应该再换一家公司，而不是继续留下来耽误时间”。

爱上一个女孩，追求不到三个月，就觉得毫无希望。“我和她表白的时候她严词拒绝，无论我做什么她似乎都不会被感动，也许她根本不适合我，我爱上她根本就是一个错误，我不应该再爱她了”。

人们习惯了在光影中寻找契机，寻求可能，时间稍有流逝就开始急躁不安。别人的生活看起来总是顺风顺水，他人的成就似乎都是信手拈来。那么，自己也应该一蹴而就，应该马到成功。好像成功根本不需要花费吹灰之力，胜利应该向人们张开怀抱，甚至是自行扑过来。如果胜利没有在第一时间赶到，人们立刻就会怀疑，怀疑自己决定的正确性，摇摆、纠结，紧接着放弃。不断放弃是人们在快节奏生活和利益当先的驱使下唯一没有放弃的事。

少了智慧的沉淀，少了时间的弥合，人们把生活当作一顿快餐，经不起等待，经不起料理，经不起品味。当时光真的在人们的手忙脚乱中大把流逝之后，才发现自己唯一做过的事就是不断选择再不断放弃。

人们对生活显得格外不耐烦，小时候的理想现在看来如此荒诞。现如今所有的目标都生长在大棚里，等不及它自然地抽枝、发芽、开花，就希望它直接结果。太多人希望毕业就挣一万块，二十五岁就当上部门经理，不需要什么蛰伏，更不相信什么厚积薄发。能够吸引人们眼球的，永远是“30分钟让你变美女”，“七天减掉五公斤”，“两个月让你英语变母语”，“一周内搞定你的丈夫”这类人浮于事的广告语。就连爱情，都不再值得等待和坚持，闪婚、闪离、闪爱成了爱情的主导模式，没有人还相信爱上一个人需要漫长的相互了解、体谅、前思后想，慢火煨炖，离开一个人也不再需要长时间的思量、犹豫和解意。爱上一个人和不爱一个人都变得异常容易和简单，表白不再难以启齿，离婚也不再难以想象。

也许还没等人反应过来，一场爱情已经结束了。

迅速成功不是没有可能，但是缺乏根基的成功很难持久，紧接着而来的，就可能是天崩地裂的失败。天下没有投机取巧的事，更没有无挫折的成功之道，投机取巧赢取来的时间和精力，最终都会用于弥补漏洞和进行忏悔。如果一旦遇到困难就放弃，一有障碍物就觉得此路不通，那么人生必将一无所成。所有成功的人，都有一个共同点，那就是都有一份坚持，这份信念不会被轻易动摇。他们首先明确自己想要什么，而不是随波逐流，看到什么赚钱就干什么，看到大家都要什么就追寻什么。他们有属于自己的目标，这目标经过他们反复的推敲，最终成为他们的信仰，其中倾尽了他们所有的热忱和感情。目标一旦确定，就不会轻易改变，不会去理会挫折的玩弄，不会顾及旁人的不解，无论道路多么艰难依旧会无畏地前行。之所以会取得成功，正是因为他们在坚持之中学会了如何抵抗住压力，如何熬过最苦的日子，如何解决最难的问题，这些最终都转化为了沉厚的积淀。就因为经受住了大部分人经受不住的考验，他们才成为了少数成功的人。换句话说，没有一条成功的路是好走的，谁也不比谁幸运，甚至谁也不比谁聪明，并不是他们选的路比别人妙多少，也不是他们的机遇就真的那么好，只不过，他们坚持了，他们等待了，等来了机遇，等来了黎明，而别人在机遇和黎明到来之前就已经放弃了。

当你想要放弃的时候，再努力想一想办法，尝试着再换一种方式，告诉自己，再坚持一下。所有的成功，都需要你使尽全力去研磨，去熬制。多给自己一点时间，就是在给梦想多一点机会。

 被需要是一种幸福

如果有人问你幸福是什么，也许你会毫不犹豫地回答："幸福就是有人爱我有人关心我，在我需要帮助需要温暖的时候，有人向我伸出援手或者敞开怀抱。"不错，有人及时响应你的需要是一种幸福，但同时，如果你被他人所需要，同样也是一种幸福，甚至是一种更为淳厚的幸福。

对此体验最深的莫过于父母，他们被自己的孩子所依赖和需要，这种需要是深刻的，有时甚至是唯一的。刚出生的宝宝没有自我生存能力，如果失去父母的照料就将时刻面临死亡，所以他们非常需要自己的父母。等宝宝稍大一些，他们甚至还会锁定需要的对象，也就是说并不是谁的帮助他们都会接受，需要通常只指向自己的父母，甚至只是母亲。饿了冷了都喊妈妈，别人要抱一下他们都会哭闹着拒绝。这种需要与被需要是父母和孩子会建立起深刻情感的原因之一，孩子依赖提供帮助的父母，父母更是深爱需要自己的宝宝。你会发现一个有趣的现象，父母不仅是因为爱孩子所以响应这种被需要，更是因为这种被需要所以深爱着孩子。

被需要，是生活的动力。在你小的时候，父母被你所需要，当你长大之后，逐渐衰老的父母又会反过来需要你。赡养父母无疑会带给你压力，但这样的亲情同样会带给你快乐和感动，带给

你不断前进的动力。在自己组建的小家庭中，你会向你的爱人提供保护或者照顾，当感受到另一半对你的依赖时，你也会感到异常的开心和快乐。在工作当中，你被下属、同事和客户所需要，这给了你向他人提供专业帮助、彰显自我价值的机会，你还能够从中体验到满足感和成就感。在社会当中，你为有难的同胞捐款捐物，为陌生人付出爱心，你会从中感受到助人为乐带来的欣慰和自我肯定。

也许你也抱怨过生活的压力太大了，特别是到了一定的年纪，再也不会有“一人吃饱全家不饿”的自在生活，相反，日子总是被他人所牵绊，被爱所束缚。每一天醒来，就是在为了父母、爱人或者孩子打拼，你感到逐渐丧失了自我，不知究竟是在为谁而活。这种想法未免太过悲观和消极，实际上，你所爱的那些人早已成为了你的一部分，完全融入到了你的生活当中，他们就是你，你就是他们，早已不分彼此，为了他们也就是为了自己，他们过得快乐，你也同样会感到满足。被所爱的人需要是一种极大的幸福，因为这时你会体验到存在感和价值感。一人吃饱全家不饿未必是一种洒脱，可能反而是一种寂寥和落寞。如果你不被任何人所需要，你会感到自己就像是人间幽灵，完全没有归属感，没有存在的价值。即使明天克隆出另一个你，或者自己马上死去，都不会被任何人所发觉，也不会对任何人产生影响，无人关注，更无人在意。那是一种非常悲凉的感受，你不知道一切努力到底是为了什么，所获得的一切又有什么意义。为什么有那么多人喜欢养宠物？除了宠物的可爱讨喜之外，还因为宠物能够给人带来被需要感，他们喜欢并享受那种被宠物依赖的感觉。

人活着的意义和乐趣之一，就是被自己所爱的人需要。它带给你压力和负担，但同时也会带给你幸福和快乐，带给你无限的

正能量。“家是最甜蜜的负担”，也正是这种甜蜜的负担帮助你定义出自己是谁，帮助你在人生的漫漫地图中，寻找到属于自己的那个坐标。

 爱不是迎合别人，而是取悦自我

爱情是很美好的东西，本应带给人们正能量。但有时因为人们对爱的偏执和误解，反而使它产生出负能量。

当人们爱上一个人之后，想得最多的，是这个人是不是也同样爱自己。为了让对方也同样地爱着自己，人们不惜使出浑身解数去讨好对方、迎合对方，希望对方可以因此爱上自己。

人们迎合别人的方式归纳起来无非有两种，给尽别人想要的，倾其自己所有的。如果知道对方喜欢什么，就不断地买给他；如果知道对方需要陪伴，就把自己的时间都给他；如果知道对方喜欢什么样的人，就不断地变成那样的人；最后，还会把自己的心掏给他看，告诉他自己所有的秘密和想法，以示信任和爱意。

不仅如此，人们还会留心观察对方对自己的讨好作出的反应。送出的礼物对方是不是喜欢，说出的话对方是不是受用，并会根据对方的反应及时调整自己。如果送出的礼物对方不喜欢，下次就送别的，如果对方喜欢自己的改变，就会沿着这个方向多改变自己一点。人们所做的这一切，不过是为了让对方接受自己。

这样不断地去讨好别人，会让自己觉得很累，因为这种爱的目的性太强。目的达到了，自然欢喜，如果目的没有达到，定会心生失望甚至感到愤怒。在生活中，不难见到因爱不成而反目成仇的

人，原因就在于此。人们把自己对他人的爱不容置疑地当作一种付出，而一切的付出就是为了求一个回报，为了让对方也同样地爱自己，所以一旦目的没有达成，人们就会开始算计自己为此付出的代价，并开始想方设法地讨回自己的付出，如果讨不回来——当然难以讨回来，心债要如何讨呢，人们就会开始痛恨对方，“我为他付出了那么多，他现在竟然说走就走”，“我给她花了多少钱啊，要想分手，先把钱还清了再说！”

人们忘了自己在最开始的时候如何说很爱对方，说为对方付出的一切都是心甘情愿的，为了对方愿意放弃晋升的机会，放弃更好的薪水，放弃另一座城市，放弃条件更出众的追求者。可到故事的结尾，当自己的付出真的长期得不到回报，当对方真的无视自己的牺牲，或没有用等量的爱来进行交换时，人们的内心开始失衡了，之后，便毫不留情地抛开所有虚假的誓言，撕开优雅的面具，怒气冲天、歇斯底里地说道：“哦，你这个狼心狗肺的家伙，我为你付出了这么多，你怎么可以视而不见呢！”

对方当然可以视而不见，既然当初的誓言是说一切都出自心甘情愿，更不要说也许对方根本不需要这样的付出：你付出青春，可对方不想要你的青春；你付出等待，可对方根本不想让你等待；你付出整个人生，可对方根本无意夺去你的人生，他要来你的人生能做些什么呢?

连这些也不是最重要的，即使人们的付出确实是对方所需要的，也不必因此就觉得对方欠了自己什么。如果把爱一个人，一直当作一个付出的过程，势必会过得很辛苦，变得爱计较，最终会在患得患失中迷失自己。何不换个角度考虑问题：爱一个人，无论对方爱不爱自己，都不是一个付出的过程，而是一个收获的过程，一个取悦自己的过程。

有一个心理学理论认为，人们施舍穷人的终极原因，并不是为了让他们过得更好，而是为了避免自己的内疚、尴尬和惭愧。从这个角度来说，施舍，不是为了别人，而是为了让自己好受。其实，爱也是如此。家长常说自己为小孩付出了很多很多，但事实上，在照顾一个孩子的过程中，家长获得的欢乐远比孩子的收益多得多。

为自己所爱的人做一些事，使他变得更加快乐，自己也因此变得快乐起来，这与其说是一个为别人付出的过程，不如说是一个取悦自我的过程。看到自己所爱的人难过，自己心里也变得极为难受，所以必须立刻做点儿什么让对方好受起来，这样自己才会能感到踏实和舒服，这也是一个悦己的过程。

爱上一个人，如果恰好对方也爱自己，两情相悦自然最好，但这并非唯一的快乐源泉。爱一个人本身就是一种快乐，然而人们却经常将其忽略了。能够遇见一个自己所爱的人是一件奢侈的礼物，甚至要比遇见一个爱自己的人更为神圣，更为甜蜜，更为难得，感觉也更加丰厚立体。

所以，请你去尽情地去用爱来取悦自己吧！享受因爱一个人而带给你的羞怯、兴奋、热烈，甚至是不知所措，这些都是你人生的财富，都是非常美好的情感体验。无论对方爱不爱你，你都是幸福的，在生命中能够出现一个自己所爱的人，本身就是值得庆幸的。在这个过程当中，你应该去取悦的，不是对方，而是自己，去享受因爱一个人所带给你的种种变化，去体验因爱一个人而交织而来的各种情绪。爱就如同青春一样，是那么美好，以至于附加在之上的任何事物都变得美好起来。在爱情当中受的苦，在青春之时受的伤，其实都是甜的，都是美的。

爱一个人，不该带有过强的目的性，爱本身便是好的。可悲的不是你所爱的人不爱你，而是终其一生遇不到一个自己所爱的人。

在爱情当中，也实在无须讨好别人，迎合别人，更不该为了取悦别人而遗失了自己，如果是这样，即使对方真的爱上了你，爱的也不是真的你。爱一个人，是寻找自我、取悦自我的过程。通过你所爱的人，以及你在爱中的各种表现和所思所想，你会更靠近自己，更了解自己。

用爱，去取悦自己。让爱，带给你正能量。爱一个人，本是快乐之旅，不要因你的功利心让它失去了原有的味道和作用。

用倾诉治愈伤口

当一段关系面临结束，一个梦想就此破灭，一颗心千疮百孔，你会如何处之？是缄口不言还是找人倾诉？很多人认为缄口不言是坚强和勇敢的表现，可实际上，把经历的故事说出来，无论对你的现在或者未来都更有益处。

所有不好的事情都带有一定的负能量，这种负能量会使你产生不良的情绪，如果这些负能量一直压抑在你心里，久而久之将影响你的身心健康，让你对事情的看法变得隐晦、悲观，行为变得偏执、古怪，如果时间过久、影响过深还有可能导致你人格的不良变化。

将不开心的事情说出来，不仅是为了宣泄，更是为了让你通过叙述来理清事情的原委，找到解开心结的方法，继而走出阴霾并开始着眼于未来。如果事情只是郁结在心里，则很难理出头绪，看出因果和头尾。人们认识一件事情总是带有主观性的，特别是当这件事情非常重要、自己又特别在意的时候，在经历之初人们是不可能非常客观公正地评判它的。如果事后只是让它像一团乱麻一样地留在心里，而不去梳理它，也不去化解它，你就会一直带着对它最初的印象，非常片面地认识它。但如果你想要将事情说出来，就势必要给事情套上逻辑，按照事情发生的原委进行叙述，并试着将客观的事情和主观的个人情感分开来，这样一来，你心中本来混乱的细

枝末节就会按照一定的顺序呈现，这将有利于你去了解自己所真正经历的一切。

倾诉还可以帮助你了解到别人对你所经历的一切的看法，这会帮助你开启一个新的视角，有时甚至会使你茅塞顿开。另外，你也会因此获得别人的安慰和鼓励。这也是你进行倾诉的重要收获之一，向信任、喜爱的人倾诉心事，从而得到他的陪伴、支持和帮助，以避免孤独、无助和迷惘。即使没有得到更好的建议，至少你会觉得自己并不孤单，还有人鼓励着你、在意着你，你会因此获得克服困难和治疗创伤所需的勇气。

上述种种益处都是显现的，其实倾诉还有更加隐性的益处——你能够在叙述的过程中获得一种新的自我认同感。通过叙述，你可以了解到自己在故事中的位置、所扮演的角色和犯过的错误，从而形成对自己新的认知和期望，并帮助自己在今后的生活中表现得更好。

虽然倾诉心中的苦闷有诸多益处，但这并不意味着你可以像祥林嫂那样倾诉个没完。我们在前面提到过，如果你的倾诉最终变成了油盐不进的自我念叨，就会使他人对你失去耐心，最终可能会适得其反。吃鸡蛋有益，并不意味着吃得越多越好，诉说也是一样。当你已经将苦闷发泄了出来，也明白了自己在其中所犯的错误和所做的不足，找到了关于未来的方向，就应当懂得适可而止。在这个时候，重要的是继续生活，而不是沦陷在过去的伤害中无法自拔。不要让适当的倾诉，变成没完没了的抱怨。

如果你经历了让你觉得痛彻心扉、无所适从或者难以逾越的伤害，不要去压抑它、更不要假装不在乎，试着向你信任的人倾诉，并从中获得安慰，让自己有勇气面对真相与未来。放下，通常是从勇于诉说开始的，而不是缄口不言。

尊重你的天性

每个人的心中都住着一个小孩，我们过得快不快乐，有时决定于，我们给了这个小孩多大的心房。

世界太过庞杂，庞杂到我们身在其中会听不到自己说话的声音，看不到自己高举的双手，找不到一块干净的容身之地。我们牵扯其中。有多少人，到了30岁，还能斩钉截铁地说出自己是谁？我们逐渐失去自己的意愿，自己的梦想，自己的主张，在社会的洪流之中被洗刷掉棱角，变得不再那么关心内心的自我，而更关心名片上自己的头衔，会议中自己的身份，人流中自己的呼喝之声能够影响和控制多少人。

生活对我们有太多要求，而懦弱的我们又总是通过与他人的比较来认识自己。我比他成功，所以我是幸福的。我被别人看不起，所以我感到沮丧。这个社会唯一教会我们的，就是去在意别人的眼光，整个生命掉进一个竞技场，用别人的失败来奠定自己的成功，用别人的评价来识别自己的价值。于是，我们迷失了，在不断被社会化的进程中，完成着所谓的自我同一，我们用众人的标准来要求自己，只敢在发型、所选饮料的味道等一些细枝末节的事情上彰显自己的个性，而其余的所有时间，都用来不断地随波逐流，生怕被众人落下了脚步。我们不断欣然地接受着社会的要求和检阅，如同一个玩偶般按照提前设定好的路线步履维艰。

这个时候，我们心中的小孩已经渐渐沉睡。而他是我们生命的种子。还记得吗？当我们还是婴孩的时候，活得多么无所顾忌。我们不知道这个社会的规则和形状是什么，只按照自己的本性行动。而身边的人们，也总是给予我们最多的宽恕和保护。我们感到无聊的时候就会肆无忌惮地哭泣，看见不喜欢的阿姨就会撅嘴走开，老师问到我们的梦想，我们会说想做科学家或者公交车售票员，根本不会在乎那个职业多么不切实际或者多么卑微不堪。可不知从什么时候起，我们开始收起自己的天性，报考自己并不喜欢的专业，恭维自己并不喜欢的人，过着自己并不喜欢的生活。这个时候人生的主题词，已经从“喜欢”变为了“应该”——我应该这样做，我不应该那样做。

我们都无奈地，被这个社会改变了，我们都不约而同地，越变越像了。可是，我们是不是至少还有时候，让心中的小孩主宰自己的生命，让他成为身体的主人？当我们在真心所爱的人面前，是不是还肯放下所有的不安全感和社会评价的压力，让最真实的自己得以喘息？当我们面临改变人生的重大选择时，有没有至少那么一次，听从了心中小孩的声音，忠于了自己的本心？有没有那么一件事情——唱歌、写作或者运动，能够使我们的小孩尽情奔跑和欢笑？我们总要给自己一点时间，释放天性。

心中的小孩，就是我们的天性。他不能被完全掩埋。社会给了所有生灵一个标准，一个旋涡式的生存法则，逆流而行似乎就只有灭亡。我们没有必要也没有力量去抵抗外界的所有要求，我们要遵从作为人类这种生灵的社会属性，但同时，我们也需要忠于自己，记得自己是谁。多一点纯真，多一点率性，多一点没有保留。多一点自然，多一点诚实，多一点自我坚持。让心中的小孩经常出来散

步，看天上的云彩，地上的流水，内心的独白。至少找一个人，说说真心的话，唱唱真心的歌，喝喝真心的酒。远离蒙蔽、麻痹、逃避。永远记得，我们不仅要遵从代表现实的自己、遵从代表社会法则和道德规范的自己，还要保护代表最本心的冲动的自己，那个生下来就存在的、最为原始的自己。即使这个最原始的自己充满缺陷，充满无助，甚至偶尔会有歪念，但那毕竟是我们自己，最真实纯正的自己。给他生长的空间，承认并喜欢他的存在，让这个看起来有点懵懂又有点不懂事的小孩永远留在我们的体内和心间，而不是被社会和他人歼灭，那么，我们才能最完整地存在，我们的内心，才能爆发出最强大的能量。

让原始的生活方式给你正能量

世间万物都带有能量，那么科技带给我们的究竟是正能量还是负能量呢？

从某种意义上来说，科技对我们的影响是复杂的。毋庸置疑，科技给我们带来很多，从某种意义上来说，科技让生活变得容易。电脑、手机、各种家用电器，让生活变得便捷和高效，神奇而美妙，从前甚至需要耗费成千上万人一生的事情，现在也许只需轻轻按一个键。可就和世界上大多数存在的事物一样，科技并非是那么单纯美好的存在，它在带给我们享受的同时，也带给我们无数的难堪和不安，它让我们的某些方面变得发达，可也让我们的另外一些方面不断退化。我甚至担心，当它的发展速度不断加快以至于超出一定范围时，它令我们失去的，可能远比带给我们的多。

科技让大量的信息轻而易举地涌入我们的生活，以至于我们要想了解一个概念，解读一个事物，再也不需要不耻下问虚心请教，不需要去图书馆翻阅大量资料，我们需要做的，只是轻松地在电脑上进行检索。了解事物的途径变得通畅，反而使得我们将大量的信息堆积在电脑里，却懒得内化到心里。科技让我们找到彼此变得不再艰难，即使相隔万里，我们依旧可以毫无迟滞地通过电话、短信、视频等方式联络到对方，也正是因此，我们不再迫切地需要见

到对方，更加习惯分别，更加不珍惜相见。科技让我们的生活变得简单，却也让我们的灵魂变得更加复杂。它让所有人都变成病人，变成依赖科技的寄居人，我们的灵魂、理想、情绪被科技一点点吸干。不要再去责怪那些对网络、电视或者游戏成瘾的人，其实我们所有人都已经被科技软禁。科技让我们的大脑不再能直通心灵，让我们的双手无法碰触世界，让我们的生活不再具有生命。

科技到底使我们失去了什么？它让我们失去的是追求结果的过程——由于科技的高效，追求结果和得到结果之间短得毫无过程可言。它让我们失去的是人们感受彼此的机会，由于科技的高效，使得人工显得愚蠢而低级，让人与人之间的相处变得毫无必要。科技，而不是人类，更像一个世界的核心，所有的人都单箭头地倚仗它而去，彼此之间却失去了联系。所以，如果我们还在乎我们的灵魂，想要活得像一个真正的人类，我们就需要适度地抛弃科技，试着用一种最原始的方式喂养我们的灵魂。

最应该做的，就是和我们所爱的人面对面——父母、家人、恋人、朋友、孩子。面对面最大的好处就是能够触摸到对方，而触摸，总是能够给彼此带来最殷实的温暖。当我们所爱的人痛苦落泪时，我们可以帮他拭去眼泪；当他因寒冷而抖动时，可以给他一个拥抱；当他露出天使一般的笑容时，可以去亲吻他的脸颊；当他感到无聊时，可以咯吱他来逗他笑。这一切的美好那么原始和直接，中间没有屏幕的阻挠，爱也总是触手可及。

或者，找一个喜欢的角落，读一本喜欢的纸质书。离开电脑和手机，读一本“真正”的书。阳光也好，小雨也好，卧室也好，公园也好，咖啡也好，清水也好。让一本书，带我们进入另一个世界。让书本散发出来的纸墨香渗入发肤，让每一次用手翻过的书页带给自己一种成就感，让书本被风吹起的沙沙声愉悦我们的灵魂，

让书签静静躺在我们内心希望到达的地方，让书的纸质、大小、印刷质量重新变得重要。书本，就躺在双腿上，那么实在，那么近，似乎就连我们和书本里的主人公都因此变得更加熟识起来。

回归大自然也是我们必须要做的事。我们在前面提到过，大自然当中凝结着大量的正能量。没人能够走进大自然，因为人类本身就是大自然的一部分，所以，我们只能回归于它。回归并不是生硬地并入，需要我们用心地体会。闭上眼睛，努力闻花的芳香，而不是扭捏作态地与它合影。张开耳朵，听水流动的声音，而不是面无表情地走过。踏上最坚硬的石头和最松软的泥土，仰望湛蓝的天空和当中飞翔的小鸟。要打开自己所有的感官，甚至令汗毛都直立，这样努力地去感受。大自然是中立的，所有所谓的好与不好都是人为的，即使是暴风雨，即使是电闪雷鸣，也不要害怕和厌恶，而是用心去感受，因为我们与它本为一体。

科技的速度让人类感到羞愧，每单位时间我们依赖科技能够完成的事情越来越多也越发复杂，这使得我们越不敢浪费时间和丢失价值。哪怕半个小时的发呆，都会让人觉得是在浪费时间。而究竟什么才是有效？什么才是浪费？在灵魂那里，根本没有时间的概念。灵魂，是对所有事物的感知力，去认识生活，感受生活，然后产生只属于自己的独一无二的理解和情绪，这才是拥有灵魂地活过。

理想并非高不可攀

太多人在抱怨，生活只是活着。每天睁开眼睛，想到的不是明媚的阳光，不是快乐，不是爱，而是房贷，拥堵的路段，蛮横不讲理的上司和没完没了的恩恩怨怨。人们疲于奔命，急于享乐，生活像是一部展览，只限于向别人展现自己空洞的美好，而没有实质的味道。车、房、保险，水电煤气费，生活变成一部记账簿，被物质占据了所有内容，而理想却无处容身，直至灭亡。只有在偶尔看电影、做梦或者喝高了的时候才会想起来，自己也曾经是一个怀揣梦想的年轻人，也曾经对生活做过无数种美好的设想，也曾经，那么天真地相信过世上存有一条只属于自己的路，一个只爱自己的人。

就这样，随着生命的成长，人们对于理想的态度发生了天翻地覆的变化。刚开始相信它甚至把它当作信仰，后来逃避它把它当作不能提及的忧伤，最后鄙视它轻薄它，认为理想不过是现实假想出来的敌人。所有那些还在高谈阔论自我理想的人，不是还没长大，就是在装腔作势。最终，人们对理想恨得咬牙切齿，觉得它辜负了自己，耍了自己，让自己相信了根本不存在的虚无，人们开始和所谓的现实同仇敌忾，要把得不到追不着的理想狠狠摔死。

这是一个彩色的世界，魅力正来源于它的复杂性。世界上没有一样东西是非黑即白的，现实不是，理想也不是。那些哭丧着脸责

怪人生不给他们实现理想机会的人，大多混淆了理想和现实的真正关系。

在这个时代，为什么人们会觉得理想已经完全沦陷？很多人认为，是因为人们的生活压力太大，在生活问题都没有解决之前，何谈理想？

这是个病句。首先，人们的生活压力并不大。人们吃得饱，穿得暖，也有地方住。这种优越的生活在几十年前几乎是不敢想象的，但那时的人们依旧身怀理想。真正的原因在于，现在的人们希望能吃豪华的自助餐，穿名牌的衣裳，住自己名下的房子。所以，生活的压力是人们自己给自己的，或者说是由于攀比所引起的，而不是生活带给人们的。因为很多人有，所以自己也想有，别管它对自己的真正意义到底有多大。说到底，不是理想沦陷了，而是人们迷失了。在强大的社会比较和羡慕嫉妒恨面前，理想变得卑微不堪，变得幼稚可笑，变得不值一提。不是理想背叛了人们，而是人们背叛了理想。

人们把理想看得过于神圣化了。似乎它是一个奢侈品，比豪宅和环游世界还要奢侈。在自己的全部生活问题都得以解决之前，在所有的物质欲望被完全满足之前，没有资格谈理想。理想被认为是独立在日常生活之外的，是必须要放弃些什么之后才能够得到的，是不容亵渎甚至是无法碰触的，只有特别有钱或者特别有才又或者特别不要命的人，才能去追求理想。

人们又把理想看得过于世俗化了。人们经常会给自己的理想一个期限和一个成果要求。如果一个人的理想是成为歌手，那么他就必须得大红大紫，灌唱片开演唱会。如果一个人的理想是成为作家，它就必须得赫赫有名、著作等身。如果一个人的理想是研究宇宙的奥秘，那么他就得登上其他什么星球一探究竟。

其实，理想既没有那么神圣，也没有这么世俗。首先，理想是平易近人和友善的。每个人都可以有理想，无论他的生活有多糟，有多少尚待解决的问题。其次，理想又是纯洁的，理想不是一个结果，没有那些无聊的衡量标准，理想其实是一条路，只要上了路，并且一直走在路上，实际上，人们就已经实现了自己的理想。理想不是开演唱会，而是情不自禁地歌唱，是雷打不动地每晚练上半个小时。理想不是出书成名，而是如饥似渴地写作，用文字来表达自己的喜怒哀乐，来理解和感受整个世界。理想是一种方向，一种脚步，一种热情，一种好奇，一种坚持，一种快乐的生活方式，说到底，理想是对生命的认可和拥抱。理想不是用来实现的，而是用来追逐的，实际上，理想永远不可能被完全实现，就像完美一样，我们只能无限靠近，却永远无法到达。

人们和理想的距离，其实在于一颗心。如果心是干瘪的，对生活失去了热望而只剩下满腹牢骚，人们就不会喜欢理想，甚至不会承认理想的存在和意义。而如果人们的心是柔软且丰盈的，那么，无论他的境遇如何、财力如何，他们都会坚持自己的理想，并享受追求理想的过程。

理想并没有住在现实的对面，它们完全可以肩并肩地齐头并进。

正常不可耻

这是一个追求个性化的时代，人们都希望自己与众不同。于是，不仅美好的事物受到人们的喜爱，就连丑陋的东西也被大众所追捧，审丑文化的流行，更进一步说明，人们宁愿走到另一个极端，也不甘愿平凡。很多人抱有这样的观点：只要有不同于别人的地方，就能够吸引别人的眼球，也就更接近成功，无论那个不同之处是长处还是不足。

还有些人觉得，正常显得过于平淡和乏味，过于平庸和缺乏深度。一个人的生活当中怎么可以没有值得一提的事呢？一个人必须得有些特点，才能够被别人记住。

很多人都误把自己的弱点当成了闪闪发光的特点，还有很多人故意伪造这种“特点”来吸引别人的注意。似乎病态变成了一种可以炫耀的资本。很多女人喜欢把自己搞得病病歪歪的，明明身体好得很，但非得把自己说成吃这个过敏吃那个会起疹，好像如此一来就会被怜香惜玉，吸引男人的注意。而有些男人也爱自诩有抑郁症或者躁狂症，好像这样就会显得自己很有味道和魅力。

这种风气不断蔓延，甚至已经到了无病不美的境界。在这个时代，最受排挤的竟然是那些身心都很健康的人，他们被莫名其妙地贴上无聊、刻板、平庸、缺乏幽默感的标签，被人们看作是过时

的，假惺惺的，不智慧的，对于异性而言，更是没有吸引力和杀伤力的。正常，反而被视为一种不正常。

与身体疾病相比，人们更倾向于伪装成患有某种心理疾病。随着心理健康知识的进一步普及，很多人对那些心理疾病一知半解，就误以为自己或者硬把自己说成患有某种心理疾病：神经衰弱、拖延症、强迫症、恐惧症、焦虑症、抑郁症、甚至是精神分裂或者反社会人格。一时间，患有这些疾病变成了一种时髦，甚至成了一种美，成了一种达人的标志。

这些标榜自己患病的人，都是虚伪、幼稚和懵懂的。他们根本不知道患有这些疾病会经历怎样的痛苦，还没有真的为不健康付出过代价。那些喜欢“不正常”的伴侣的人，都还不懂得什么是生活，不知道真的和一位患有心理疾病的人生活在一起，生活会是怎样狼狈的面貌。

正常、身心健康、充满正能量，这些都是美好生活的重要保障。拥有这些不代表失去了特色和光泽，恰恰相反，它能够帮助你的心灵成长，能够给你的生活带去活力、快乐以及不断超越自我的可能。不正常、心理不健康、充满负能量，这些不意味着独树一帜，也并不会令人刮目相看，那只代表一种不健全甚至是缺陷，只代表幼稚甚至是愚蠢，只会让自己的生活不断地陷入困难和麻烦，并且给身边的人造成困扰。将弱点和病态当做特点来炫耀，没有比这更可笑的事了。

 让独处变得不孤独

每个人都有过独处的经验。独自穿梭在人流之间，夜深人静时只有一个人睡的床，或者只有电视在吵闹的瞬间，你一定也经历过，感受过。那么，你喜欢独处吗？

也许你和许多人一样，并不喜欢和欢迎独处。很多人会在独处的第一时间就想尽一切办法去驱逐它——翻看手机通讯录随便拨个电话，上网和朋友视频聊天，或者约个人出来见面。因为他们会因独处而感到孤独、无聊或者单调，他们认为独处让自己充满了负能量。但独处有时并不是件坏事，更不应该被永远地逐出生活的大门，实际上，换个角度来看，独处是你成长的必经之路，你需要通过它来认识自己、净化自己。

接受和承受独处是一种必须，也是一种能力。因为谁也无法完全避免独处，不能改变的情况下就需要去积极适应。没有谁能24小时不离身地陪伴你，每个人都是独立的个体，都有属于自己的生活，能够一分一秒都不离开你的人只有自己。如果你总是要求别人召之即来，无论是你的亲人、爱人还是朋友，都会感到莫大的压力，也会给他们带来很多麻烦，最终危及两人的关系。所以，必须接受和承受独处，让自己变得独立的同时给别人留有时间和空间，在彼此的关系中少一些压力与负担，多一些宽容和自由，这样才能够更好地平衡与他人的关系，使得它更加持久和融洽。

当然，去试着接受独处并不仅仅是迫不得已，更因为它富有营养，能够令你成长。如果一直和他人在一起，你会变得没有时间自省。你总需要一些独处的时光，去理清自己头脑中的思绪，了解自己的需要，明白自己的状况，在纷繁的世界中保持冷静而不至迷失。你会由此更了解自己是谁，更了解过去的获得和失去，更了解目前的状态和处境，更了解未来的所需和可能。如果你分秒必争、马不停蹄地和别人在一起，就会一直活在和他人的关系之中，你的生活被人为地填满，以至于根本没有时间与自己对话。

独处是一种放松。当你在独处的时候，你会感到所有的时间和空间在此刻都是完完全全属于自己的，你可以将最真实最原始的自己释放出来，不必在意别人的感受，不必照顾别人的情绪，你可以按照自己最喜欢、令自己感觉最舒服的方式去生活，你会因此感到异常的兴奋、快乐和满足。

我们在前面提到过马斯洛的需求层次理论，人们对生活的需要是循序渐进的，自我实现是人们最高层次的需求，它是指完完全全地实现自我价值，兑现个人理想，完成人生的目标，发挥全部潜质、享受到忘我的高峰体验。它是人类精神的最高境界，并不是所有人都会有自我实现的需要，更不是所有的人都能够满足自我实现的需要，但这却是全人类永恒的诉求。而真正实现自我的人有一条共同的特质：他们喜欢并且需要独处。一个成熟的人，真正热爱生活又懂得自己的人，会特别喜欢独处。他们会用这段独处的时光与自己沟通，平静自己的内心，去除各种杂质，去做平日繁忙时想做又没有办法做的事。这些事情无关生计，不是为了摆脱寂寞，不是因为应该做所以才去做，只是单纯地因为喜欢，只是单纯地想要去做。

请你不要惧怕独处，请学会独处。首先接受它，然后利用它，最后享受它。与自己和解，继而与自己成为最亲密无间的朋友。

第八章
传递正能量

【本章导读】

- 塑造你的正面气场
- 你的四个能量补给瓶
- 与人交往的黄金规则
- 让正面情绪流动起来
- 去安慰，治愈伤痛
- 去鼓励，传递信心
- 去赞美，表达认可
- 去感恩，回馈付出

塑造你的正面气场

气场是无形的，但它并不是虚无的。它来自你的内在品质、思想、视野、经历、回忆和情感。它以一种难以名状的方式传达你整个人的内涵和特质、过去与现在。我们都见过正面气场强大的人，他们的气质和能量由内而外地散发出来，即使一言不发，也会让人感觉振聋发聩。他们看起来总是积极的，阳光的，正直的，充满生命力的。强大的气场，不仅能够传递给他人正能量，同时也能够吸引和召唤到更多的正能量。

强大的气场是由内在和外在共同构筑的，如果希望拥有强大的个人气场，不仅要注意内在的修行，也要注意自己的语言和体态，自己的外在所展示的一切。语句啰唆，说话吞音，走路驼背，眼神迷离，垂头丧气，这样的外在无法让人相信你是一个充满正能量的人。不仅如此，这样的体态也不适宜正能量生存和生长，在这样的“土壤”中它会不断地流失和腐坏。也就是说，即使你具备一定的正能量，如此的体态也会将其一点一点的消耗殆尽。无论何时何地，你都应保持良好的坐姿与行姿，将每一个动作都尽量做到位，不拖沓也不冒进，时刻抬头挺胸，用这样的体态表达你的自信和活力。

与人交往的过程，也是一个能量交换的过程，你在吸收他人能量的同时，也在传递自己的能量。在与人沟通时，你要用表情表达出你的关注、真诚和理解，而微笑是正能量最好的代名词，用笑容去表达你的满足、欢迎和快乐，借此传递你的积极情绪。另外，你的行为应合乎礼仪规范，这种礼貌表现在尊重对方的身份，比如礼让老人，让女性先行，蹲下来与小孩说话，对领导和长辈使用敬语等。最后，无论你和谁交谈，都要戒掉插话的毛病，这是基本礼仪，表示你对他人的尊重和关注。

眼睛是人们心灵的窗口，它传递能量的能力甚至超越语言和动作。有的人的眼神中会透露出好奇，有的会透露出热情、真诚或者温柔。不管你的眼神中饱含着哪种正面能量，它都必须是坚定的，不闪躲也不四处乱窜。与人交谈时，要做适当的眼神交流，不要总是东张西望，更不要上下打量他人，这是一种礼貌，会让人觉得你对他所说的内容是感兴趣的。

气场的塑造，不在于你占用多大的空间，或者用去多少话语来表达自己。正好相反，有时强大的气场体现在浓缩的语言和点到为止的胸襟之上。在讲话时，辅助性的手势不必过多，挠脸、摸鼻子、卷衣角、转笔等小动作最好减少到零。还有，有理不在声高，你的气势并不体现在语速上，而在于你语言内容的深度和力度，将你的声量和频率控制在让人们感觉舒适的范围内，和多余的小动作一样，尽量从语言中删除那些没有必要的口头禅和零七八碎的辅助用语，让你的话语和你的人一样，显得精神、简练、精辟。

适度的身体接触可以极好地传递正能量，但对它的使用一定要格外谨慎，需符合你们之间的关系，地域文化以及彼此间的习惯。握手传递友好，拍肩膀传递鼓励和肯定，拥抱传递温暖和热情。有时，超越社交距离的身体接触能够表达你们之间的亲昵和熟络，适当地使用，能够相互传递正能量，并由此增进彼此之间

的感情。

当然，在与人交往的过程之中，没有哪一个品质能够超越真诚的重要性。家人、夫妻、朋友、同事、同学，无论何种关系，任何一方真诚品质的缺失都将给双方或者多方的关系带来灾难性的后果。真诚是做人的首要原则，也是获取信任的唯一途径。注重承诺，表达和表现真实的自我，不欺骗，不愚弄，坚持个人的原则和底线，用最诚恳的方式与人为伴，唯有如此，所有的正能量才能拥有根基。

面由心生，你的内在能量向外扩散为一种无形的气场，凝聚成你的眼神、表情和姿态。塑造你强大而正面的气场，是将你的能量加倍传递给别人的最好方式。

你的四个能量补给瓶

19世纪末，法国的一位社会学家研究发现社会关系网络的丧失是人们自杀的重要原因之一。此后，社会支持便引起了各界学者的广泛关注。时至今日，社会支持对人们的重要性已被不断验证。相当多的研究指出，接受他人的社会支持有助于缓冲生活中所发生的压力事件所带来的负面影响，缓解心理障碍，从而有利于个体的身心健康，它还能够增强人们的喜悦感、归属感和主观幸福感。

社会支持是指外界提供给个体的主观支持、客观支持以及个体对支持的利用度。主观支持是你所体验到的他人对你的支持：你的人格被他人尊重，你的情感被他人体谅，你的生活方式被他人接受等，而客观支持则指的是他人对你的真实付出。有的时候别人为你付出很多你却感受不到，还有的时候他人的付出又被你主观扩大化了，也就是说，你所体验到的主观支持和他人的客观支持不见得完全一致。支持的利用度则是指当你遇到麻烦和困难时，会在多大程度上去利用你所拥有的社会支持。如果要用一句话来概括社会支持，那就是当你遇到困难时，你身边的人为你提供的力所能及的帮助以及给予你的正面能量。如果负面能量在某个时刻占据了你的身体，让你感到生活的压力过重，而正面能量又无从补充的话，社会支持绝对是你最好的后盾。

能够提供给你支持的人很多，就像定义当中所说的，你要提高对社会支持的利用度。你的家人、伴侣、朋友、同事、网友，有时甚至是陌生人，都能够为你提供支持和帮助。他人的支持不仅能够帮助你渡过难关，传递给你正能量，它也是维系与增进双方情感的纽带。作为被帮助对象的你一定会有所收获，而提供帮助的人也能够从对你的帮助当中获得喜悦和自我肯定，而且，当他遇到问题的时候，也能够获得更多的支持。我们有时对独立和坚强有所误解，不要忘记，当你无法自行解决问题的时候，求助也是一种积极的应对方式。而坚强的含义是勇于面对困境，而并不是只能独自面对，懂得从人群当中摄取力量、温暖和帮助，也是一种智慧。

不同的人能够给你提供不同类型的支持，当你身陷困境需要他人帮助的时候，不要选错求助的对象。社会支持分为四类，第一类是情感型的支持。它包含别人对你的肯定、爱意、体贴和尊重。当你感到严重受挫，情绪崩溃，或者感到寂寞空虚的时候，你需要的就是这一类型的支持。想想你身边有没有感情细腻、富有同情心又温和善良的人？此时你需要的正是这样的人。第二类是评价型的支持，是通过分享观点来向你提供与你的自我评价有关的信息，它通常富有一定的建设性意义。当你对自己的认知陷入混乱，对生活感到迷茫，缺乏前进的勇气，或是缺乏自信心，需要他人的正面评价赋予你力量的时候，你需要的是这一类型的支持。这时，你应该去寻求较为理性又有说服力的人的帮助，他们一般会是你的上级、长辈、具有一定的权威性或者是你极为肯定和信任的人。第三类支持是信息型的支持，所谓的信息包括他人与你就当前的事件进行的交流，提供的建议和反馈，以及一切能使你的生活环境更为舒适的信息。我们每个人都有对该如何行动感到迷茫的时刻，或者无法顺利地做出选择，这时就需要依靠信息型的社会支持。能够为你提供

这种类型支持的人，一定是逻辑缜密而头脑清晰的，是某个领域的专家，或者掌握着你没有而又急需的信息。最后一类支持是援助型的支持，它包含各种类型的直接帮助。在你十万火急的时候借钱给你，介绍自己的人脉给你认识，借给你急需的物品，帮你搬家等等。你身边一定有许多能够向你提供援助型支持的朋友，你要根据具体的问题去选择具有相应资源的人为你提供支持。这四类社会支持就如同四个能量补给瓶，在关键时刻为你补充能量。

社会支持、他人的帮助和关爱，就犹如深夜里柔软的枕头，夏日里清凉的微风，口渴难耐时的一汪清泉和思路穷尽时的一道灵感。它能够在你内心挣扎的时刻帮助你平复心情不至崩溃，在你负面能量爆棚的时候帮你解压，在你想要放弃的时候给予你最重要的希望。记住，当你深陷痛苦和麻烦而难以自拔的时候，去寻求社会支持，而不要一味地死扛，无论何时，都不要忘记，你不是一个人，你还有许多关爱和重视你的人，你可以把他们的能量转化为自己的能量，聚集在体内，帮助你勇敢前行。

 与人交往的黄金规则

小文很爱她的男朋友，他们在一次朋友的聚会上相识，她被这个男人的笑容和歌声所深深吸引。这个男人是搞音乐的，没有稳定的收入，工作时间也很不固定，两人经常很长时间都没有机会见上一面，更别说好好地约会了。为此，小文付出了很多，不仅默默忍受思念和孤独，还无微不至地照顾男人的生活起居，有时还会补贴男人的生活费用。但即使这样，两人的感情还是在三年后走到了尽头。她的男朋友实在是太爱自由太爱音乐了，在音乐和小文之间，他义无反顾地选择了前者，带着他的梦想去了遥远的西藏，而将小文独自留在了一个虚无的世界里。小文彻底崩溃了，她用了很长的时间来接受这个事实，她不断地问身边的每一个朋友，也不断地问自己："我那么爱他，对他那么好，他为什么如此对我，为什么不能像我对他那样对我？！"

还有另一个故事。有一天，我的同事满腔愤怒地向我控诉他的一个朋友："他太不像话了！"一上来他就这么说道，"上次他老婆住院急需用钱，我二话没说就把钱借给了他。这次我遇到急事了，想管他借点儿钱，他竟然说没有！不借给我！他怎么能这么做呢？！"

人们的很多痛苦都来自于自身的不合理信念。古希腊的哲学

家埃皮克迪特斯有一句名言，“人不是被事情本身所困扰，而是被其对事情的看法所困扰”。另一位古希腊的哲学家苏格拉底就曾用“产婆术”的辩证技术来驳斥与矫正人们的不合理信念。美国著名心理学家、“合理情绪疗法”的首创者埃利斯提出了著名的与人交往的“黄金规则”和“反黄金规则”。黄金规则是指“像你希望别人如何对待你那样去对待别人”，也就是说，将你希望得到的，你所喜欢的，赋予给别人，向别人传递出积极的情感，这是一种理性观念。而很多人却并非如此，他们不是在要求自己，而是要求对方，不是诚挚地付出，而是希望用付出换取回报。他们在与人交往的过程中，运用的不是“黄金规则”，而是“反黄金规则”，反黄金规则是指“我对别人怎样，别人就必须对我怎样”，或者“别人必须喜欢我，接受我”。在上面的两则故事当中，主人公所运用的就都是“反黄金规则”。如果你初看到“反黄金规则”并不觉得有什么不妥，甚至觉得这就是真理，那说明这种不合理的信念在你的身体里已经存在太久了，甚至有些被内化了。“反黄金规则”体现的是对他人的要求和控制，它重在索取，而“黄金规则”则是在控制和要求自己，是对自己做人做事方式的把握，它重在付出。实际上，我们需要做的是控制和把握好自己，而并非去要求和控制他人，很多时候，我们没有权力去要求别人，还有些时候，我们自己也不能、也不愿被他人所控制。“反黄金规则”的谬误还出在“必须”二字上，这是对别人以及环境的一种绝对化要求，它将人们之间的情感和相处模式交易化、机械化了。人们之间的相处会受到很多因素的影响，这其中的复杂程度并非一言两语就能涵盖，也并非单凭你的付出或你的愿望就能够决定。所以，我们能够做的，就是做好自己应该做的，而把别人的行为，交给别人去负责。如果你能够这样想，很多心结就会被解开，很多愤怒就会被平息，很多痛苦

就会自行消失。相反，如果你总对别人报以绝对化的要求，当这种要求落空的时候，就难免会对他人产生敌意和感到气愤，对人生有所不满。此外，你也可以试想一下，如果你的所有付出都出自于真心，你对他人充满爱和宽容，他人会怎么想，会怎么做？而如果你总是不断要求别人，对别人的行为指手划脚，每一点付出都有所企图，别人又会怎么想？当你用“反黄金规则”与他人交往时，你的负面能量绝对能够被他人感受到，并影响到他人对你的判断，也难怪他人无法像你希望的那样去接受你、去爱你了。

在与人交往时，你所传递的应当是一种正能量，唯有如此，人们才会敞开怀抱欢迎你，你也才能够获得最纯正的快乐。像你希望别人如何对你那样去对待别人吧！请将这一规则深深地印于脑海之中，它真的比黄金还要珍贵。

让正面情绪流动起来

让我们来一起看看人们平时是如何进行情感沟通的吧。

孩子考了98分，全班第一，高高兴兴地捧着试卷回家告诉母亲。母亲看到后，只露出一个若隐若现的微笑，继而说到："还不错，要继续努力，下次争取考满分。"孩子感到很失望，悻悻地回到了自己的房间。丈夫问妻子，为何这么严肃，也不表扬孩子两句，妻子说怕孩子骄傲，松懈了学习。丈夫听了点点头，觉得也有道理。又有一次，孩子考试发挥失常，回到家可怜巴巴地看着妈妈，母亲看到成绩下滑得这么厉害，足足花了一晚上的时间批评他教育他，孩子哭得稀里哗啦。

一家市场调查公司，因为同时接了几个大单子，员工只得超负荷工作，平均每天工作十二个小时以上，总经理看在眼里，也觉得感动和愧疚，但因为工作太忙，还需要经常性地出差，他总是抽不出时间与员工进行沟通，只是在心里想着，等有机会了一定要表扬和鼓励一下员工。可还没等他表扬，公司的某个部门就捅出了一个大篓子，他立刻从外地飞回来，从机场直奔公司，将这个部门的负责人劈头盖脸地臭骂了一顿，所有的员工都吓坏了。

我有个朋友，我们相识多年，彼此之间相当了解。我发现一个规律，她每次主动联系我，或者我们定期聚会的时候，她所说的

都是生活中不如意的事情和近期所遇到的麻烦。要不是我太了解她了，我会以为她是一个一直生活在不幸当中的女人。但事实并非如此，她有一个相当幸福的家庭，一份自己喜欢的工作，还有我这么一个如此亲密的朋友。实际上，她只是非常爱向我叙述她生活中不顺遂的一面罢了。

这样的沟通倾向几乎存在于所有的关系之中。不知你发现没有，我们总是偏爱于表达负面的情绪和情感，而正面的、积极的情绪和情感却很少去与别人分享。这可能存在多个原因。首先，受中国传统文化的影响，我们更倾向于内敛自己的情感，不到万不得已必须要表达或者实在掩饰不住的时候，我们不喜欢去表达自己的情感。而我们通常认为必须沟通、必须表达的是那些亟待解决的问题，然而在这种时刻，我们传递的往往都是消极情绪。就像那家公司的老总，当他知道所有的员工都在为公司日夜奋战的时候，也激起了他的积极情绪，他感到振奋，也觉得感动，但他总觉得这种积极的沟通可以等，可以拖，但是一旦公司出现了问题，沟通就变得刻不容缓，不然就有将问题不断扩大的危险。另外，我们脑海里总有一种偏执的想法，认为表达对他人的积极情感很酸很肉麻，会让人觉得不舒服不自然。如果对方是你的领导、老师，或者其他有利益关系的人，还有阿谀奉承之嫌。如果是向他人表达自己的积极情绪，比如告诉同事自己得了销量冠军，感到很骄傲很自豪，或者告诉朋友自己买了新房子，心里特别高兴，则有炫耀和卖弄之嫌。最后，人们表达不幸有时是一种策略。这就像在我们上学的时候告诉同学自己昨晚都没有复习，今天的考试肯定考不好，或者有意向敌人透露我方的准备极其不充足，一定打不好这次战役一样，是要给自己留一手，让对方轻视自己的实力，好让对方放松努力和警惕，这样自己就更有可能获得出其不意的胜利。你身边是不是也有特别

爱哭穷的人？所有这些原因，就造成了如今的局面：我们传递给他人的往往都是问题，都是不满，都是不幸，都是不快乐。这些负面情绪在彼此的空气中来回飘荡和传递，越聚越多，最终像大雨一样倾盆而下。

这是我们对待沟通的一个误区。实际上，积极的情绪才最值得分享。快乐和爱不会因为分享而变得稀薄，反而会翻倍增长。请尽情表达你对他人的爱和赞扬，这能够给予他人无限的正能量，令他们感到振奋和自信，也能够促进你们之间的感情。请尽情表达你自己的喜悦和快乐，你的积极情绪会感染别人，使他人变得更加快乐，而当他人为你感到高兴，为你骄傲，真心地祝贺你的时候，你的快乐也会加倍。我们实在没有必要压抑、克制自己的好心情。还记得我们之前讲到的吗？何不把你每天所遇到的快乐的事告诉你的朋友，何不把微笑挂在脸上，何不把对他人的爱大声说出来？快乐不该窝藏在心里，而应当让它流动在空气中，让每个人的呼吸里都充满快乐的味道！

去安慰，治愈伤痛

正能量的传递不是单箭头的，它既包括别人向你传递，也包括你向别人传递，当然还包括正能量的双向传递。正能量使得我们对这个世界充满爱意，使得我们想要去关注和爱护所有人类以及一切生灵。当然，我们每个人还会是另一些人——我们的父母、孩子、朋友的重要他人，我们希望他们能够过得更好，感到快乐和满足。因为这些原因，我们会无私地将正能量传递给所有需要的人。

在传递正能量的过程中，我们经常扮演的一个角色就是“安慰者”，抚平对方的伤痛，帮助他走过黑暗期，重新振作、燃起希望。但并不是你凭借一腔热情，想要帮助对方就一定能够令对方感到安慰，你还必须是一个善于安慰别人的人。

如何去安慰别人，有时取决于对方在哪方面遇到了困难，为何感到伤心和痛苦。如果是很具体的事情，或者是对方钻进了死胡同，遇到了怎么也想不开的事情，就需要你通过摆事实、讲道理的方式来安慰和劝说对方。有时人们会感到难过，是因为心里存在着不合理信念，就像我们前面提到的“反黄金规则”一样，像这样的不合理信念还有很多，比如“过度概括化”：在只有少量信息的情况下就对整体做出消极预测；再比如“不公平的比较”：根据不切实际的标准来解释事件，并主要关注那些比自己

做得好的人，然后在比较中做出自己比较差劲的判断；还有“灾难化”：相信已经发生的或者即将发生的事情会非常糟糕和难以忍受，以至于自己无法承受它，等等。这时，就需要你与对方不断辩论、沟通，或者举例，让他知道自己的想法存在不合理之处，直至完全醒悟，感到释然。

还有些时候，人们需要的不是说教和规劝，而是迫切需要得到他人的理解和关怀、想要有一个倾诉的对象。人们会感到安慰，有时倒不一定是因为忽然想通了，或者伤痛被时间冲淡了，而是因为自己的感受能够被他人所懂得和理解，因此觉得自己不再孤单、无助和委屈，从而缓解了心中的痛苦。心理咨询技术中有一个术语，叫做共情，它是指体验别人内心世界的能力，这恰恰能够满足人们的这种需要。虽然我们不是心理咨询师，无法做到专业上的共情，但是我们还是可以试着去体验他人的内心，并使得对方因此而感到安慰。想要做到共情，首先就需要你付出真情，从心底里真正地关心对方，如果缺乏这一点，你就很难走进对方的世界，即使你真的理解了对方的情感，你给对方的感觉也会是冷漠和事不关己的，对方不可能会感到安慰。其次，你要认真地听对方倾诉，设身处地地去想象他所经历的一切，全身心地去体验对方的想法和情感。你必须要弄清楚事情的原委，也足够了解对方的性格，才有可能引发共情。最后，你要运用自己的知识，调动自己的经历和经验，找到你的感受和对方的感受的共同之处，产生出一种共鸣。

无论你是无限地贴近对方的情感，还是用事实来劝说对方，你都需要无比的耐心。对方可能正在被情绪所左右，没有那么容易走出来。所以，不要太急于求成，不要安慰两句发现没有作用就急了，烦了，或者离他而去了，你要给他恢复情绪的时间和空间。有时你需要做的，就是专注而安静地聆听，以及没有条件地陪伴。对

于一个难以从痛苦之中平复过来的人而言，一个不离不弃的人，一个永远都在的陪伴，也许比什么都更能安抚心灵。当他有所好转的时候，你就可以想些办法来转移他的注意力了。最好的方法就是带他走进人群，去感受“人气儿”，人多的地方会发生很多事情，当他不由自主地去关注其他事情的时候，就能或多或少地从当前的不良情绪中走出来了。你们也可以一起做一些会令人感到开心快乐的事情，比如一起去看电影、听相声，做一些必须全情投入的事。在适时的时候，你可以鼓励对方多去想想现在和未来，而不要一味地陷在过去之中。

安慰别人首先靠的是真诚的爱和关心，其次是共情、理性、耐心和陪伴。安慰是一种付出，有时需要你放下手中的事情，抛开自己的得失，付出时间和精力去陪伴对方。但是能够靠自己的力量，传递给对方正能量，让所爱的人振作起来，对于任何人来说都是快乐和欣慰的体验。我们的人生当中，总需要这样美丽的陪伴。

 去鼓励，传递信心

“良言一句三冬暖。”我们在谈到自我效能的时候说到过，他人的鼓励在一个人感到自我怀疑的时候能够起到巨大的鼓舞作用。当人们失去自我评价标准的时候，他人的评价就显得至关重要。经常观看体育比赛的人都知道，主场作战有着得天独厚的优势，其中最大的一个有利因素就是能够得到支持者的鼓励，震耳欲聋的加油助威声会使运动员感到无比振奋，大大提升他们的自信心。所以，当人们缺乏信心的时候，他人的鼓励会给他们注入无穷的能量。

可问题在于，因为害羞，因为害怕被人瞧不起，或者被坏情绪所笼罩等多种原因，有时人们并不会主动去寻求鼓励。所以，比如何去鼓励别人更为首要的，是了解何时应该伸出温暖的手去鼓励他人。在某些情况下，人们的自卑或不安会溢于言表，如果你看到你所关心的人坐立难安，显得焦躁而缺乏耐性，或者眼神迷离行动迟缓，对外界的很多事情充耳不闻，他可能就正处于缺乏信心的状态之中，急需你的鼓励。另外，平时再自信的人，在两种情况下也可能需要鼓励：一种情况是受到沉重的打击，对于平日里自信满满的人而言，遭遇失败和出人意料的结果，打击可能反而会更大，这时你的鼓励不仅能够表达关切，还能够使他重拾信心，找回从前的自我。另外一种情况是当人们要开始某个重要行动之前。事情重要

到一定程度，即使是最自信的人也会感到紧张，他们需要在行动前得到他人的认可，替他们减轻压力。比如选手在参加重要比赛前，一个男人要去向女友求婚前，某个学生要参加高考前等。在这种时候，你的鼓励重值千金，能够为对方增强信心，平复紧张的情绪。

最好的鼓励莫过于你真心实意的信任。当你去鼓励别人的时候，一定要足够真诚。如果你的鼓励看起来是犹豫的，没有底气的，不仅不会鼓励到别人，还可能会起到反作用。对方会想："你看，他的鼓励多么牵强，连他也不相信我，觉得我不行，看来我是真的很糟糕！"鼓励不同于安慰，需要的不是温柔，而是力量！你的眼神应当足够坚定，声音足够有气势，你还可以借助一些手势和动作给对方打气，例如，加油助威的手势，胜利的手势，或者拍打对方的肩膀，将这种力量的传递外显化。

如果对方迟迟不敢行动，或者无法从低谷中走出来，你可以试着用成功者的事例去激励他。但需要注意的是，并不是所有人的成功都能够鼓励到别人，当成功者是对方认识或熟知的人，对方尊敬或崇拜的人，或者与对方相似点很多的人时，鼓励效果才能达到最佳。

鼓励应该是个持续的行为，而不是一次性的敷衍。你要留意对方的每一次付出，每一点变化和进步。如果对方真的开始了行动，从挫折中渐渐走出，或者取得了阶段性的胜利，你应该及时给予祝贺和鼓励，让他留意到自己向上和进步的趋势，这是他继续前行的动力。

你还要留心，有时过多的鼓励或者错误的鼓励方式会将鼓励变成一种压力，起到与初衷相反的作用。当你去鼓励别人的时候，最好使用正向的方法，而不要使用负向的方式。比如，你可以说"坚强点儿，我非常相信你，你也要相信自己，你能做到更好"。

但不要轻易说 “你不能再这样下去了，再这样你就完了”，或者“你必须战胜他，不然你就是个彻头彻尾的失败者”。当你去鼓励别人时，要将重点放在鼓励他相信自己、超越自己、勇于去尝试、注重付出和成长的过程，而不要将重点放在与他人的竞争和最后的结果上。

再坚强的人，再自信的人，再成功的人，也有脆弱的时候，自卑的时候，或遭遇逆境的时候，这时，就需要你向他们传递出爱和正能量，给予最真挚和最强有力的鼓励，帮助他们提升自我效能感和韧性，摆脱消极和颓然，走向希望和光明！

去赞美，表达认可

赞美，是一种高贵的品质，也是一种豁达的态度，只有当你的内心充满正能量的时候，才可能发出由衷的赞美：赞美这个世界，赞美生命，赞美你身边的人。而负能量过剩的人的一个突出特征就是“气人有，笑人无”，当别人比自己强时，他们就会感到嫉妒和气愤，会诅咒别人，如果别人没有自己强，他们又会冷言冷语地嘲笑别人，觉得自己高高在上。无论别人如何，他们都会表现出一种负面的心态，以至于和外界的关系总是处于一种敌对的状态之中，不是嫉妒就是嫌恶，不是过度自满就是过度自卑。真正强大的人，会在成功时谦卑，在失败时乐观，在别人成功时给予真心的赞美，在别人失败时给予贴心的安慰，这样才能与外界达成一种精神上的共鸣与和谐。吝啬赞美的人，是那些无法驾驭自己生活的人。

赞美并不就是“说好听的话”，有些人的赞美能够让被赞美者感到快乐，并深受鼓舞，还有些人的赞美却只会让人感到尴尬和不舒服。赞美是好的，如果你肯再注意一下方式方法，就会事半功倍，起到上佳的效果。

赞美最忌讳的就是“假大空”，什么时候都不要为了赞美而赞美。好的赞美应当是真诚和具体的。比如你对同事说“我觉得你的工作能力很出色”就显得过于空洞，不如说“我上午看了你写的工

作报告，其中的第四条和第五条我感觉特别受用，是我想了很久都没有想通的事情，看完你写的，我感觉茅塞顿开”。再比如你想夸奖一位女士美丽，如果你说“您长得真漂亮”，就不如说“你的眼睛好美，配上你的这一头秀发，显得特别温柔可人”。

赞美要适度，不要言过其实，不然会让人感觉很不舒服。比如在上面的第一个例子中，你夸奖你的同事时用“令我茅塞顿开”这样的词汇就是适宜的，但如果你说“你的工作报告真是令我醍醐灌顶，受用三生”就未免显得太过了。如果你夸奖一位女士“漂亮、温柔、可人”都是比较合适的，但如果你对她说“你简直倾国倾城，沉鱼落雁，犹如仙女下凡，比所有的女明星都好看百倍”，就未免会让人觉得虚伪或者别有用心了。

你的赞美最好具有一定的说服力，转述他人的赞美是个不错的选择。比如你将A君对B君的赞美转述给B君，A君在你面前赞美B君一定是发自真心的，而你将A君的赞美转述给B君足以说明你也感到认同，B君一下得到两个人的赞美想必开心程度也会翻倍。如果有一天，A君知道你将他的赞美转达给B君了，还会增进他们两人之间的感情，也会增进你和A君、B君之间的感情，这样的好事，何乐而不为呢?

赞美也要因人而异，尽量去赞美他人所在意的那些事。人们所处的发展阶段不同，所在意的事情就会有所不同。小孩子可能很在乎学习成绩，年轻女人很在意自己的外貌，而对于老年人来说身体健康最为重要。此外，人们的性格、理想和兴趣爱好不同，所在意的事情也会不同。像我的母亲就很喜欢做饭，当我夸奖她的厨艺的时候她最受用，而我的弟弟酷爱音乐，当我赞扬他的歌声动听的时候，我能看出他那种真心的喜悦。相反，如果我偏要赞美我母亲歌唱得好，我弟弟饭做得香，他们可能也会感到高兴，但这种赞美引

发的快乐不会直达内心，顶多是蜻蜓点水一带而过。

有他人在场时，特别是当这个人是被赞美者特别在意的人的时候，赞美的效果会翻倍。比如当着其他客户的面夸奖商家的商品质量好。你的赞美还可能会影响到他人对被赞美者的印象和评价，从而使得赞美的积极影响最大化。另外，当这个“他人”和被赞美者有着特殊的亲密关系时，你的赞美所散发出来的正能量也会加倍，比如当着孩子父母的面夸奖孩子乖巧懂事，当着老师的面夸奖他的学生才思敏捷，当着一个女人老公的面夸奖她贤良淑德。在这种情况下，你不仅是在夸奖被赞美者，也是在夸奖那个“他人”，不仅被赞美者会感到开心和骄傲，“他人”也会感到脸上有光。

赞美别人不是只能利用语言，有时你的神情和动作也很重要。赞美通常表达的是一种欣赏、羡慕、激动和佩服，所以当你在赞美一个人的时候应该是兴奋的、热情的、快乐的，而不应该是平淡而消沉的。你可以为其振臂欢呼，竖起大拇指，一脸的惊讶和不可思议，甚至是和他拥抱！

赞美是最艳丽和芬芳的玫瑰。当你真心去赞美别人的时候，不仅将正能量传递给了对方，你也会感到快乐，有时还会因此获得对方的喜爱，增进双方之间的感情，正所谓“送人玫瑰，手有余香”。

 去感恩，回馈付出

感恩，是我们每个人都最值得做的一件事，它不仅能够向他人传递出正能量，回馈他人对我们的付出，也能够给我们自己带来多重益处。大量的研究证实，常怀感恩之心的人身心都更为健康，更容易感到幸福，对未来充满希望，心情也常常是积极乐观的。同时，一个人越懂得感恩，就越不容易产生沮丧、焦虑、孤独和过于敏感的心理。

感恩之心有助于我们用心体会生活中的美好经历。感恩能够让我们慢下来，认真感受生活中可爱和值得赞扬的一切，从而让我们浸润在美好的事物当中，绵长这种幸福感。感恩还能够提升我们的自尊水平。当我们遭遇困境时，如果记得去感恩，认识到事情原本可能更糟，认识到许多人在关心我们并向我们伸出了援手，就会大受鼓舞，增强自信心。感恩还能够帮助我们减轻压力和伤痛。有一项研究发现人们在面临困境的时候，心中会本能地浮起感恩之情。据调查显示，在“9.11”事件笼罩美国之初，人们内心的第一情感是同情，第二情感就是感恩。感恩还有助于增进人与人之间的感情，这种影响也许比你想象中的还要强大。有一项研究显示，只要人们对他人怀有感恩之情，即使从未表达出来，他们之间也会更容易发展成紧密真诚的关系。这是因为人们通过感恩认识到了他人对

自己的重要性和价值，会用更好的方式去对待他们，进而使得两人的关系形成一种良性循环。

当然，感恩不仅对我们自己有益，它更会使我们感恩的对象受益。当人们因为自己曾经向他人付出的情感和提供的帮助而得到他人的认可和感谢时，内心会产生很多种积极的情绪，包括满足、快乐、骄傲、自豪、幸福和自我肯定等。即使他们的付出不是为了获得回报，他人的感恩还是会激励他们在今后的生活中多行善举，坚持自己的做事态度。感恩，是一种最温暖、最美好、最善良的行为和情感。

那么，该如何去感恩？感恩不是机械地向他人说“谢谢”，它并不是只有一个对象，一种形式，不是一个周而复始的单调行为。你可以选择写感恩日记，定期记录你感激的那些事情和那些人，然后将日记与他人分享，或者干脆将感恩日记写在微博和博客里。你也可以选择写感恩信。当某个人对你的帮助使你感到非常难忘时，你就可以选择这么做。当我从我的第一家公司离职的时候，我给我的领导写过一封感恩信并寄给了她。我告诉她，虽然我要离开了，但是她在工作上给予我的那些指导，在生活中对于我的照顾，都将使我毕生难忘，是她陪伴我度过了那些彷徨无助的日子。我想这封感恩信对我们彼此都产生了很大的影响，并对我们的感情起到了很强的粘合作用。虽然感恩不见得非得向对方表达出来，但是我鼓励和建议你这样做，因为只有去表达，才能够使得正面能量的传递最大化。除了感恩日记和感恩信以外，你还可以用语言、绘画、歌曲等其他形式来表达你的感恩之情。表达感恩可以是很正式的，也可以是相对随机和随性的，在聊天过程中带出来的一句话，同样可以表达你的感恩之心。

实际上，感恩的方式多种多样，除了上面提到的，还有许多其他方式。你可以经常变换你感恩的方式，实际上，你最好这么做，因为如果你总是用同一种方式来表达感恩，有可能会感到厌倦，并停止这项有益的行为。其实不必那么机械化，你完全可以在你想要感恩的时候就去感恩，或者选择你当下喜欢的方式去感恩，你还可以不断变化感恩的内容和对象，从而让感恩总是新鲜和令人欣喜的。

说到感恩的对象，实际上，从更为宏观的角度来说，它不一定非得是某个人。在现实生活当中，我们也并非只会对人产生感激之情，我们经常会感恩生命本身，感恩美好的大自然，感恩自己所拥有的一切。如果我们将这些真诚的感恩与他人分享，一样会传递出正面能量。

也许你已经发现，对于正能量而言，纯粹的单箭头传递几乎是不存在的，单向只是一个笼统的说法。实际上，当你向别人传递正能量的时候，你也会因此受益。无论是安慰、鼓励、赞美还是感恩，你都会因此提高自我评价，并获得某种成就感。而多数情况下，你的付出也会有所收获，你会得到对方的正面情感、信任和爱。对于负能量其实也是一样，你所散发出来的负能量不仅会影响到别人，最终也会反射回来波及你自己，使你自己变得更糟。心灵和能量虽然都是无形的，但它们却与你时刻相伴。你的每一个动作、每一句语言、每一个思想，都会改变你的能量等级，改变你的心灵，最终改变你自己。就像村上春树写的那样，“我们的心不是石头。石头也迟早会粉身碎骨，面目全非。但心不会崩毁。对于那种无形的东西——无论善还是恶——我们完全可以互相传达”。